"十四五"普通高等教育规划教材

高等院校艺术与设计类专业"互联网+"创新规划教材

产品设计手绘表现技法
（第2版）

主　编　李和森
副主编　章倩砺　田　涛　杨　艺
主　审　柳冠中

内 容 简 介

本书讲述了产品设计手绘表现技法的相关理论、步骤方法、产品快题设计及设计实践等，图解了具有代表性的产品设计手绘线稿和马克笔上色的详细步骤，点评和剖析了学生的产品快题设计作业。本书内容系统、实用，具有较强的针对性和教学参考性，强调技能训练和能力培养，兼顾表现手法的艺术性和教学方法的科学性。本书共分为 6 章，分别为产品设计手绘表现技法概述、电子及信息产品设计手绘表现技法范例解析、小型家用产品设计手绘表现技法范例解析、中型家用产品设计手绘表现技法范例解析、产品设计手绘表现技法与产品快题设计、产品概念设计草图与产品设计项目。

本书可供工业设计和产品设计从业人员及院校本科生和研究生作学习和参考之用。

图书在版编目（CIP）数据

产品设计手绘表现技法 / 李和森主编． ——2 版． —— 北京：北京大学出版社，2025．7． ——（高等院校艺术与设计类专业"互联网 +"创新规划教材）． —— ISBN 978-7-301-36547-2

Ⅰ．TB472

中国国家版本馆 CIP 数据核字第 202531A3M1 号

书　　　名	产品设计手绘表现技法（第 2 版）
	CHANPIN SHEJI SHOUHUI BIAOXIAN JIFA（DI-ER BAN）
著作责任者	李和森　主编
策 划 编 辑	孙　明
责 任 编 辑	王圆缘
数 字 编 辑	金常伟
标 准 书 号	ISBN 978-7-301-36547-2
出 版 发 行	北京大学出版社
地　　　址	北京市海淀区成府路 205 号　100871
网　　　址	http://www.pup.cn　新浪微博：@ 北京大学出版社
电 子 邮 箱	编辑部 pup6@pup.cn　总编室 zpup@pup.cn
电　　　话	邮购部 010- 62752015　发行部 010-62750672　编辑部 010-62750667
印 刷 者	天津中印联印务有限公司
经 销 者	新华书店
	889 毫米 ×1194 毫米　16 开本　8.25 印张　258 千字
	2016 年 4 月第 1 版
	2025 年 7 月第 2 版　2025 年 7 月第 1 次印刷
定　　　价	49.80 元

未经许可，不得以任何方式复制或抄袭本书之部分或全部内容。

版权所有，侵权必究

举报电话：010-62752024　电子邮箱：fd@pup.cn

图书如有印装质量问题，请与出版部联系，电话：010-62756370

序

设计不是科学、不是艺术，却综合了科学和艺术的优势，它是独立于科学和艺术之外的第三种智慧。工业设计通过整合资源和知识，合理地解决人们生活中的问题，创造健康可持续的生活方式。

工业设计教育的目的是培养学生获取知识的能力和表达思想的能力。其中，培养学生的手绘技能是实现工业设计教育目的的重要环节，因为良好的手绘技能可以提升设计师表达思想的能力。

计算机技术在工业设计领域为设计师提供了很多手绘表现手法。但是图纸化手绘训练始终是各种手绘表现形式的基础。而且，系统化手绘训练有利于培养初学者正确的手绘意识，因为它能将平时的手绘训练和形态设计思考紧密地联系起来，使手绘训练更好地为表达设计思想服务。

一般认为，手绘图只要能把设计思想表达清楚，用什么方式都可以。而工业设计手绘图有自己的专业"语言形式"，虽然看上去仅有潦草几笔，但包含很多理性因素。这些理性因素恰恰反映了工业设计手绘图的专业特点。

手绘虽然仅是工业设计流程中具有辅助性的图示语言，却是初学者成长为设计师必须练就的"真功夫"，是每位设计师走向成熟的必经之路。尽管手绘学习过程中充满着激情、艰辛和迷茫，可一旦成功地跨越这段枯燥期，设计师便能驾驭手绘"语言"，快速表达设计思想，从而提高产品设计的效率。

李和森老师主编的这本手绘技法书，较系统地介绍了工业设计手绘图的相关知识；以专业的手绘技法步骤图讲解较有代表性的工业产品；通过探讨手绘能力与设计思维、产品快题设计、设计实践的关系，说明设计师的手绘能力是进行产品设计实践必不可少的基本能力。希望这本书能为热爱工业设计手绘的同行们提供一定的参考价值。

清华大学首批文科资深教授

前言

党的二十大报告明确提出"实施科教兴国战略，强化现代化建设人才支撑"，强调要加快建设"教育强国、科技强国、人才强国"，这为新时代产品设计人才培养指明了方向。

在产品设计过程中，设计师既要具备广泛的工程技术知识、深厚的美学素养、扎实的造型功力，又要熟练掌握撰写设计说明书、模型制作等一系列设计表现技能。在这些技能中，手绘无疑是一项重要的内容，也是激发创新活力的驱动因素。无论在产品设计的哪个阶段，手绘图都发挥着关键作用。

工业设计是推动制造业高端化、智能化、绿色化发展的有力手段，全面掌握工业设计专业技能，尤其是手绘表达技能，显得尤为重要。很多学习工业设计的学生因不善于用手绘表达自己的设计思想而丧失学习信心，如果能拥有良好的手绘技能，就能激发他们学习工业设计的兴趣，也能为他们今后的专业学习和深造打下良好的基础。即使在数码科技发达的今天，手绘技能仍然是企业测试工业设计应聘人员的重要内容，因为只有掌握手绘技能，设计师才能游刃有余地表达设计思想，做到手脑并用，高效地开展设计工作。

大量的产品设计实践已经证明，我们很难将设计思维与设计表现分开，因为完全脱离手绘创作的设计过程几乎是不存在的。只有将动听的设计构思转化为有说服力的视觉图纸，用户才能直观地体会到设计创意的独到之处。设计师还能通过手绘锻炼对产品形体美的创造力和感受力。一般地，凡拥有熟练手绘技能的设计师，在处理产品造型和外观问题方面，显得更有效率。所以手绘表现技能越强，助推产品设计过程的作用就越明显。

在构建新一代信息技术和人工智能等一批新的增长引擎的背景下，本书以"互联网+"思维在书中增加了讲解视频，便于学生通过扫描书中的二维码观看网络课程，推进了手绘设计的教育数字化进程；通过 AI 伴学的方式，智慧性赋能手绘教学内容，为智慧课程培育提供基础。

【资源索引】

通过本书，编者希望能尽量合理地将近年来团队的产品设计实践体会及教学经验分享出来；希望对工业设计学生及同行们有所裨益。但因编者知识的局限性，书中恐有疏漏之处，恳请各位读者指正！

编者

2025 年 6 月

目录

第1章　产品设计手绘表现技法概述/1

    1.1　产品设计手绘表现技法基本知识/2

    1.2　产品设计手绘表现技法工具/9

    1.3　产品设计手绘表现技法基础/11

    1.4　产品设计手绘表现技法要素/17

    单元训练和作业/22

第2章　电子及信息产品设计手绘表现技法范例解析/23

    2.1　游戏手柄/26

    2.2　鼠标/31

    2.3　播放器界面/36

    单元训练和作业/42

第3章　小型家用产品设计手绘表现技法范例解析/43

    3.1　电吹风/45

    3.2　电热水壶/50

    3.3　电熨斗/55

    3.4　订书器/60

    单元训练和作业/66

第4章　中型家用产品设计手绘表现技法范例解析／67

4.1　吸尘器一／69

4.2　吸尘器二／74

4.3　电锯／79

单元训练和作业／84

第5章　产品设计手绘表现技法与产品快题设计／85

单元训练和作业／104

第6章　产品概念设计草图与产品设计项目／105

6.1　指甲钳外观设计／107

6.2　真人CS玩具枪外观设计／111

6.3　Tablet PC及支架外观设计／115

6.4　网络机顶盒遥控器外观设计／119

单元训练和作业／122

附录：AI伴学内容及提示词／123

后记／125

第 1 章 产品设计手绘表现技法概述

1.1 产品设计手绘表现技法基本知识

训练要求和目标

要求：从产品设计的各个层面了解产品设计手绘表现技法的含义、特点、目的和作用等。
目标：认知产品设计手绘表现技法在产品设计中的意义和专业性。

学习要点

- 产品设计手绘表现技法的含义、特点、目的和作用。
- 产品设计手绘表现技法与计算机辅助产品设计、绘画艺术速写、设计师的思维和审美的关系。

本节引言

产品设计手绘表现技法是设计师从事产品设计工作的必备能力之一，也是设计思维由大脑向手延伸的方式。它与计算机辅助产品设计、绘画艺术速写不同，在产品设计中发挥着特殊的作用；有助于设计师的思维发散，提升设计师的形体感知能力及审美能力，因而受到设计师的重视。所以，我们有必要系统地了解产品设计手绘表现技法的相关知识点。简单形体手绘示例如图 1.1 所示，各种表现技法比较见表 1.1。

【手绘快速表达相关概念】

【手绘示范：简单形体（一）】

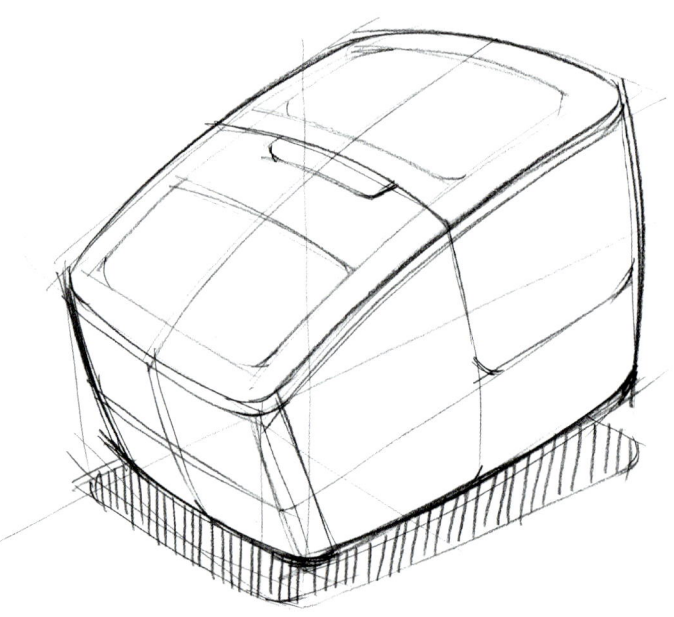

图 1.1　简单形体（一）　　李和森　绘

表 1.1 各种表现技法比较

优缺点	三维草模	计算机建模	手绘图	文字描述	产品三视图
优点	能非常直观地表现出产品大块的曲面形态、尺寸、比例和体量等；可立体化、多维度审视设计创意；可用于探索产品的曲面变化、产品在人机工程学方面是否合理，以及产品与使用环境搭配是否协调等	比较理性，能形成直观的视觉效果，产品的材质和色彩的修改速度快，对设计师的软件操作水平要求高	能在较短的时间内形成多个设计方案，有助于设计思维的发散，容易捕捉跳跃的设计灵感，基本上可以传达出产品形态的结构与比例关系，成本低廉，易普及，在设计的各个阶段可协助设计沟通和交流	有助于设计师构建系统性的设计概念，快速地记录设计灵感，厘清设计思路，能弥补图形语言的不足，有助于深刻剖析设计背后的问题，形成有效的文案，成本低	严谨，准确，理性多于感性；能形成比较合理的比例关系图，易与下游的结构设计工作衔接；易把握产品整体与局部的关系；适用于尺寸已经明确的产品设计
缺点	不精确，细节少，耗费时间长，成本高；虽适合推敲确定方案，但不适合思维快速发散阶段	速度慢，耗费时间长，不易捕捉转瞬即逝的设计灵感，成本高	相对感性，不易达到预想的产品效果，需要在三维模型阶段对设计创意进行再次推敲	过于扁平化和理想化，易给人过多的想象空间，缺乏图示语言那种一目了然的效果	因为没有透视效果，所以整体造型的视觉效果不是很直观，不易确定转折中的体面关系

1.1.1 产品设计手绘表现技法的含义

产品设计手绘表现技法是设计师徒手将头脑中的想法以图的形式画在二维纸面上的方法。它在设计思维和方法的指导下，综合用户需求和加工技术条件等因素，借助专业手绘技巧将设计构思图形化，因而是设计师表达创意的专业"语法"。手绘图如图 1.2 所示。

【手绘示范：简单形体（二）】

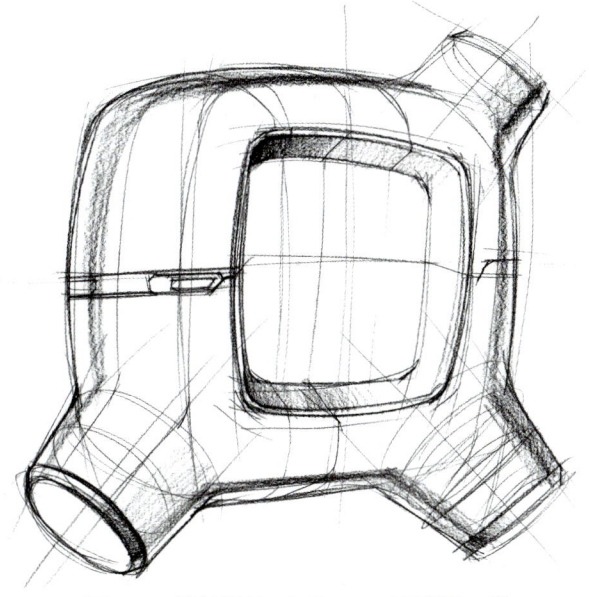

图 1.2 简单形体（二） 李和森 绘

1.1.2 产品设计手绘表现技法的特点

产品设计手绘表现技法是设计师绘图的专业方法,它的特点如下。手绘图如图1.3所示。

快捷	说明
产品设计手绘表现技法因其使用工具和技法的特殊性,恰能体现快捷的特点。譬如,一位专业的设计师在短时间内,用铅笔以娴熟的手绘技巧在纸面上可以勾勒出几幅甚至十几幅不同的草图,这种简单快捷的表达方式是其他表现技法无法比拟的。	有些设计内容难以用语言表达,如产品的具体形态、造型的韵律和节奏、色彩、量感和质感等,如果不配合专业草图,设计师很难进行设计沟通。而手绘的图示化特点可以有力协助说明设计构想。

产品设计手绘表现技法的特点

启发	严谨
由于草图本身具有引导作用,能诱导设计师产生原设想之外的其他新想法,有助于设计师探求新的形态和美感,从而不断改进设计构思。	形式上看似随意的草图,其实是设计师理性思维的产物。不同于一般的绘画可以作主观随意的变形或夸张,草图要尽可能还原实际情况,对设计内容的准确性和真实感要求很高,因此它具有严谨的特点。

【手绘示范:简单形体(三)】

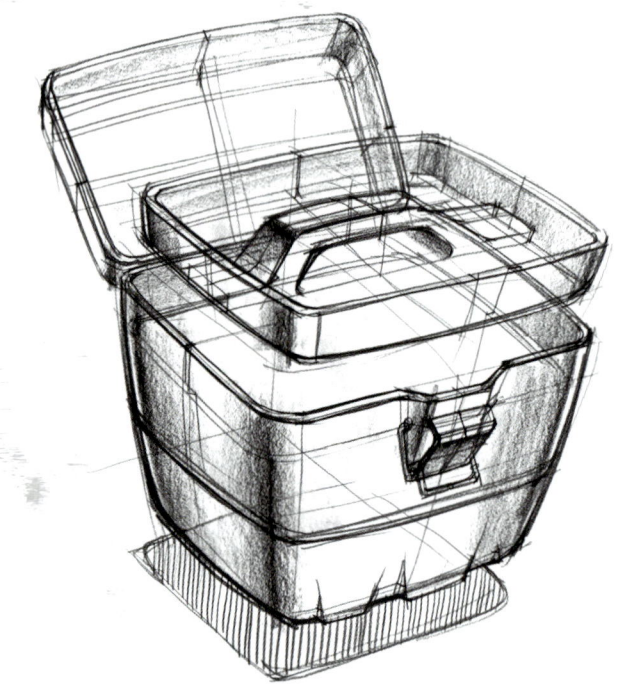

图1.3 简单形体(三) 李和森 绘

1.1.3 产品设计手绘表现技法的目的和作用

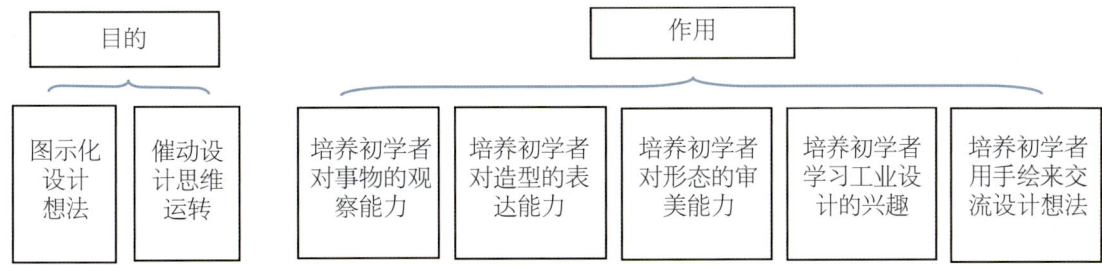

产品设计手绘表现技法训练不仅容易燃起初学者学习工业设计的激情,而且在产品设计各个阶段的交流中起着重要的辅助作用。手绘图如图1.4所示。

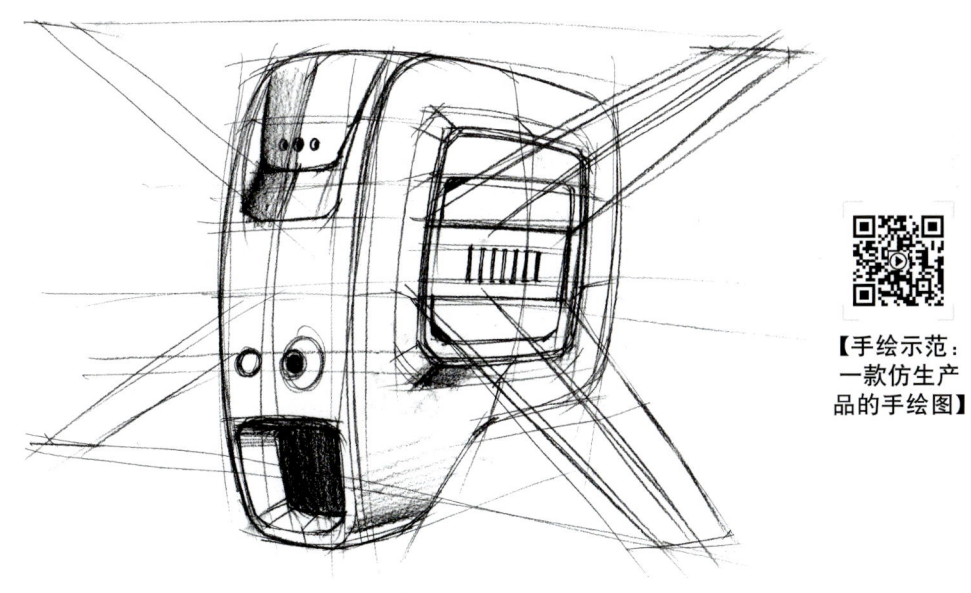

【手绘示范:一款仿生产品的手绘图】

图1.4 一款仿生产品的手绘图 李和森 绘

1.1.4 产品设计手绘表现技法与计算机辅助产品设计

在产品设计过程中,手绘图和计算机效果图既有区别,也有联系(见表1.2)。手绘图如图1.5所示。

表1.2 手绘图与计算机效果图的区别与联系

区别与联系	手绘图	计算机效果图
区别	手绘图有快速捕捉设计灵感的特点,适合表达最初的、模糊的、不确定的设计想法,所以主要用于产品设计的前期和中期	计算机效果图效果逼真、精确,适合表现完善的设计、衔接结构设计和模具加工,所以主要用于产品设计的后期
联系	均是表现工具,共同为设计服务。计算机软硬件的高速发展,已使计算机辅助创意表现技术与徒手绘图技法结合,两者交叉并用,提高了产品设计工作的效率	

【手绘示范：一款播放器的手绘图】

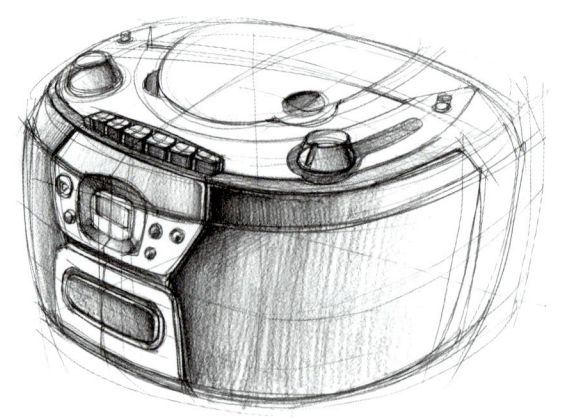

图 1.5　一款播放器的手绘图　　李和森　绘

1.1.5　产品设计手绘表现技法与绘画艺术速写

手绘图与绘画艺术速写对比见表 1.3，手绘图如图 1.6 所示。

表 1.3　手绘图与绘画艺术速写对比

对比项目	手绘图	绘画艺术速写
相同点	在较短的时间内，在平面上表达一定的主题和内容，并以形象化语言来传递视觉信息	
对象内容	表现头脑中产品的联想状态，一般只能依靠程式化的技法作图，无实物供摹写	一般通过写生描绘，主要表现事物在社会中的特定状况，是对现实事物的摹写
内容构成	凸显理性，意在表现产品造型、材质、工艺和色彩等方面，但需要考虑后期的批量加工	凸显感性，绘画内容是作者思想情感的寄托物，作者借此抒发某种情感，给人美的精神享受
处理手法	不能失真和变形，它要求客观，突出实用价值	可运用夸张和抽象等处理手法
结果用途	推向市场	可供观赏，不一定推向市场
光线定义	对投射光线的方向、强弱、角度等有特殊的限定，以表达明确的体面关系，趋于简化、规范	选取的光线往往具有自然投射效果，画面光线有助于表现内容的意境和气氛
色彩处理	强调物体固有色，力求单纯，对环境色等只作有限的表达	强调环境色，注重表现色彩的微妙变化和丰富层次，色彩关系通常比较复杂
背景处理	不受真实环境和主体对象的局限，目的是突出产品，极少数例外，如底色高光法	背景多数是具体环境，它是表达的主题与内容不可分割的部分，会受主体对象的影响

1.1.6　产品设计手绘表现技法与设计师的思维

文化积累和经验总结是设计师灵感萌发和生长的"土壤"，手绘图是演绎和完善设计灵感的有力工具。

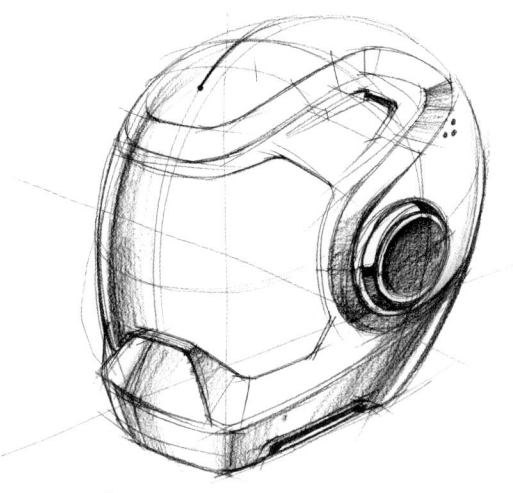

【手绘示范：一款头盔的手绘图】

图 1.6　一款头盔的手绘图　　李和森　绘

手勾勒头脑中的设计想法，使之成为草图，再由眼睛观察反馈到大脑，刺激大脑进一步思考、判断和综合，如此循环往复，使最初的设计构思逐渐深入和完善，最后演变为成熟的设计方案。在这个过程里，徒手绘图的过程便是设计师演绎想法的过程。中国著名汽车设计师董瑞丰先生说："如果没有手，我便不会思考设计。"可见，徒手绘图在构思和完善设计过程中的协助作用是明显的。

设计构思过程是一个思维跳跃的动态过程。手绘可以捕捉设计师瞬间产生的想法，不在乎形成的草图是否准确，而注重脑、眼、手、图的互动，强调设计思维与手绘草图的"相长关系"。手绘图是设计思维的物质化表现，它受设计思维引导的同时也使设计思维得到推演和完善。手绘图如图 1.7 所示。

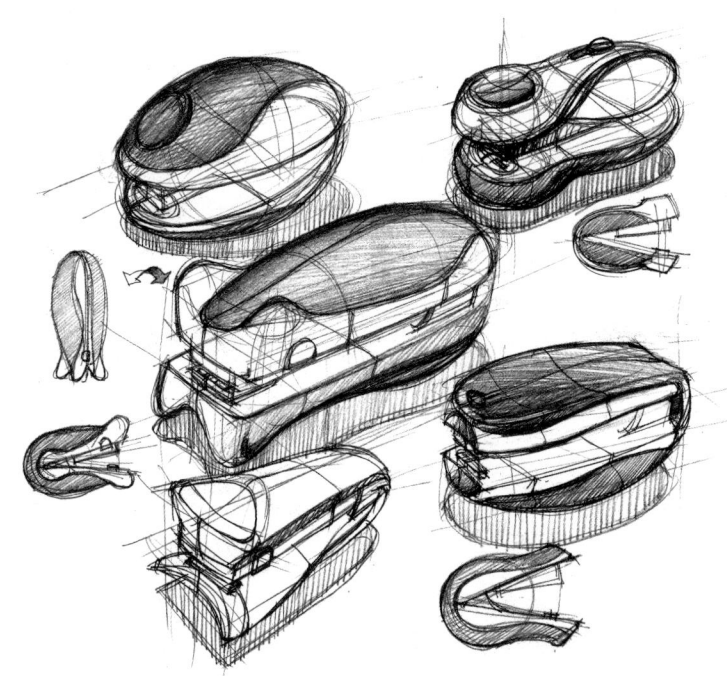

图 1.7　订书器手绘图　　李和森　绘

图内大多是侧视图，侧视图可以有效地辅助说明造型整体特征。注意突出形体断面线的运用，尤其在表现形体明暗时，这样产品形态起伏能够更加明确和清晰。

1.1.7 产品设计手绘表现技法与设计师的审美

审美是指领会事物或作品中的美感。设计过程中的审美就是判断点、线、面、体、色、质等构成关系是否和谐统一。

手绘能力的强弱与设计师审美水平的高低有一定关系。手绘图基本上可以反映出设计师审视设计之美的标准和感受设计之美的程度。手绘图如图 1.8 所示。初学者应注重手绘技能的培养与训练，不断提升"造美"能力，进而提升自身的审美能力。而手绘能力的培养需要系统的方法指导和不间断的训练。

提高审美水平除需要手绘训练，还需要多品读与研究国内外优秀的设计作品、多了解当前科学技术的发展情况。这都有助于提升审美能力和增强设计修养。

【手绘示范：
一款座椅的
手绘图】

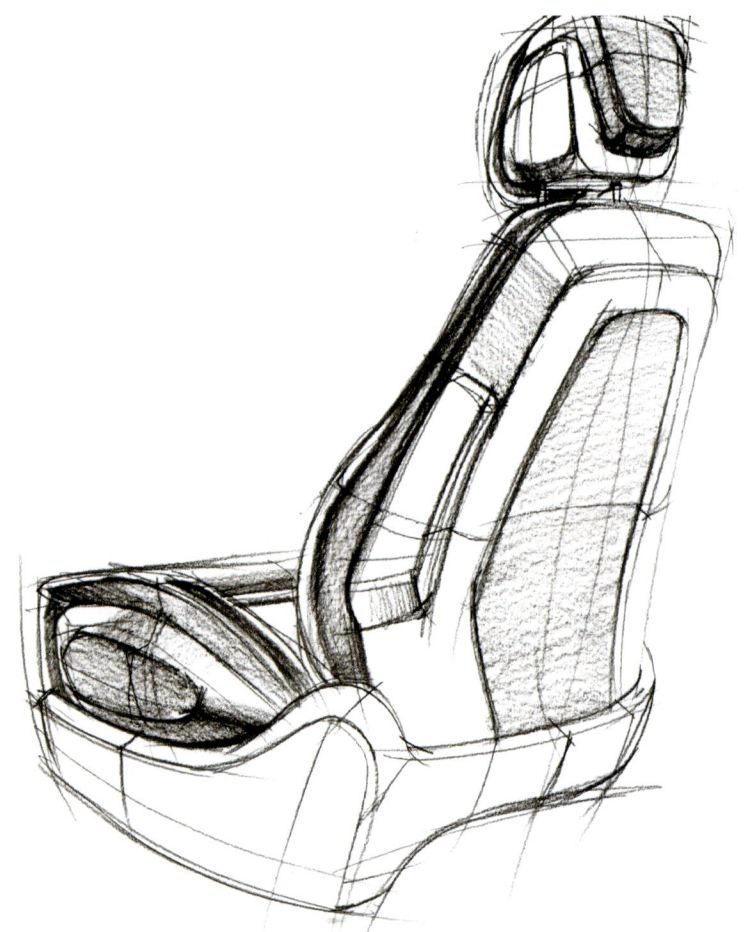

图 1.8　一款座椅的手绘图　　李和森　绘

1.2 产品设计手绘表现技法工具

训练要求和目标

要求：了解手绘工具的特性。
目标：掌握手绘工具的使用方法和技巧，能运用手绘工具熟练地作画。

学习要点

- 绘制草图的每个阶段，选择不同的工具。
- 正确选择手绘工具可以提高手绘的速度和增强手绘图的表现力。

本节引言

徒手绘图必须依靠专业的工具，不同的工具产生的画面效果是不同的。产品设计手绘表现技法的发展过程可以理解为手绘工具的发展过程。计算机是手绘工具的特殊形式，它尽管替代了传统的纸和笔，但替代不了纸和笔的基础作用。设计师在设计前期要借助工具进行徒手绘制草图。基于此，初学者要了解手绘工具的特性，运用它们为产品设计服务。手绘工具如图1.9所示。

1. 铅笔

铅笔一般分为H类和B类。"H"代表硬度，数字越大，铅笔越硬，产生的线条颜色越浅；"B"代表黑度，数字越大，铅笔越软，产生的线条颜色越深。作画时，设计师一般使用B类偏软系列的铅笔。软铅笔产生的线条厚重、朴实，其笔锋的变化可以促成粗细、轻重等多种线的变化。

2. 签字笔

常用的签字笔有黑色、蓝色等。签字笔的线条干脆利落，效果强烈，常用于加重产品草图的结构线和开模线。

3. 马克笔

马克笔用于上色，笔头一般包含一大一小两个，大笔头用于画块面，小笔头用于画细节。绘图时，设计师常选用酒精性马克笔（也称"油性马克笔"），它产生的线条色泽鲜亮浓重，透明度高，笔触衔接柔和。

4. 色粉笔

色粉笔简称"色粉"，是一种粉质材料。因为它色彩柔和、层次丰富，通常用于表现大体面关系。使用时，设计师需要先用工具刀在色粉笔上刮下粉末，然后用化妆棉或手指将粉末涂在纸面上；有时可以在粉末中混合爽身粉，使粉末颜色变淡，涂抹时手感流畅，视觉效果光顺。

【产品手绘工具与基本功训练方法】

5. 彩色铅笔

彩色铅笔用于增加色彩或勾勒线条。

6. 辅助工具

常用的辅助工具有槽尺、曲线板、橡皮、白色水粉颜料、勾线笔、瓷碟及纸张等。

橡皮

机械削笔刀

白色水粉颜料

复印纸、硫酸纸均可

绿系马克笔：
由浅至深备5支

黄系马克笔：
由浅至深备5支

红系马克笔：
由浅至深备5支

蓝系马克笔：
由浅至深备5支

紫系马克笔：
由浅至深备5支

黑彩铅：
加重结构

白彩铅：
提高光

铅笔

签字笔

冷灰系马克笔：
由浅至深不少于5支

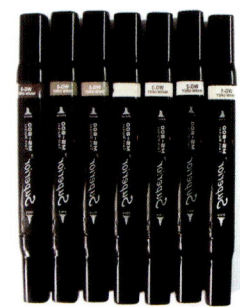
暖灰系马克笔：
由浅至深不少于7支

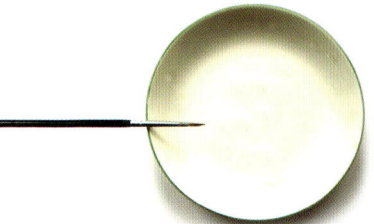
瓷碟及1号勾线笔：使用白色水粉颜料提高光

曲线板：辅助画曲线

图1.9 手绘工具

以上提供的各种手绘工具的品牌及样式仅供参考。

1.3 产品设计手绘表现技法基础

训练要求和目标

要求：了解手绘技法必备的基础能力。
目标：掌握透视、结构素描和色彩三者与手绘技法的关系。

学习要点

- 掌握平行透视、成角透视、倾斜透视和圆透视的基本画法。
- 结构素描是手绘技法的基础，两者有内在联系。
- 色彩在手绘图中，不仅是视觉构成要素，也具有一定的功能指示作用。

本节引言

透视对手绘造型起到了决定作用，是学习手绘技法的必备知识。准确的透视使手绘图更加严谨。结构素描也是手绘技法的基础之一，结构素描由表及里的观察方法、透过现象剖析本质的绘画特点与构思草图的思维过程有类似之处。色彩则是产品造型设计不可缺少的组成部分。因此，掌握透视基本知识、培养扎实的结构素描功底和了解色彩的相关知识是学好手绘技法的基础。

1.3.1 透视

我们在日常生活中往往能看到很多透视现象。例如，对于在一定空间里的两个相同的物体，我们会感到近的物体大、远的物体小，近的高宽、远的矮窄；街道两旁的电线杆、树木、建筑物及火车的两条铁轨由近处向远方伸展、缩小而合拢为一点。这些客观存在的现象，在绘画技法理论中被称为"透视现象"。任何物体在视觉中均会出现近大远小、近实远虚的变化。

透视是关于形状描绘的一种远近法则，是在一定媒介中对形状进行组织的方法。为进一步掌握手绘技法中的透视关系，我们需要学习透视分类及规律。

根据视点位置与高度不同，或者物体与画面的放置角度不同，透视通常可分为4类：平行透视、成角透视、倾斜透视和圆透视。下面以立方体为例，简单地讲解一下几种透视的画法。

【透视】

1. 平行透视

当立方体 3 组平行线中的两组平行于画面时，则仍保持原来的水平和垂直状态不变，只有与画面垂直的那一组线形成透视，相交于水平线上的视心。由于这种透视表现的立方体有一个面平行于画面，故被称为"平行透视"。因为没有太多透视变化，平行透视多用于表现主立面较复杂而其他面较简单的产品，如图 1.10 所示。

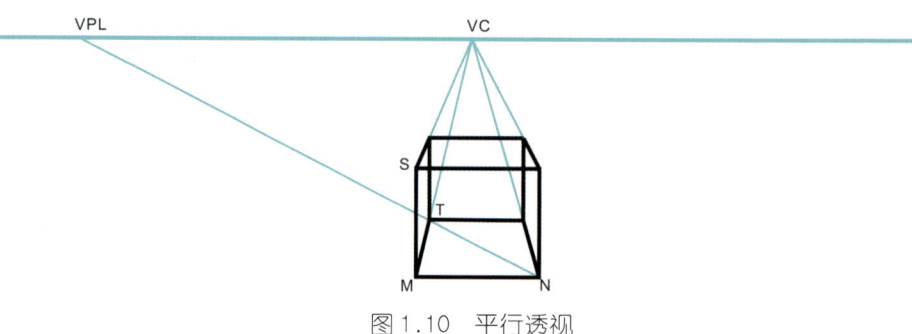

图 1.10　平行透视

画法如下：

（1）在水平线上确定灭点 VPL，在中央取视心 VC；

（2）使立方体正下方的棱 MN 与水平线平行；

（3）根据立方体的高度确定点 S，描绘出立方体的正面图；

（4）从 VPL 向 N 引出一条透视线，连接 M、VC，得交点 T；

（5）由 T 引出一条水平线，确定立方体后面的棱长；

（6）从 T 引出一条垂线，根据该垂线与透视线的交点完成立方体的绘制。

随着对象物从 VC 点向左右、上下远离，变形逐渐明显。平行透视的重点在于从 VC 点的位置附近来表现对象物。

2. 成角透视

当立方体只有一组平行线（垂直方向）平行于画面时，则长与宽的两组平行线各向左、右方向延伸，交于水平线上的两个灭点。由于这种透视表现的立方体的正、侧两个面均与画面成一定的角度，故被称为"成角透视"。成角透视能较全面地反映立方体几个面的情况，且可根据构图和表现需要自由地选择角度。这种透视图形立体感较强，是在手绘技法中应用最多的透视类型。

一般地，成角透视多为 45°角透视和 60°角透视。45°角透视是指相对于水平线和画面，以平行的正方形对角线为基础完成立方体，适合描绘对象物两个侧面几乎相等的情况。

1）45°角透视如图1.11所示。

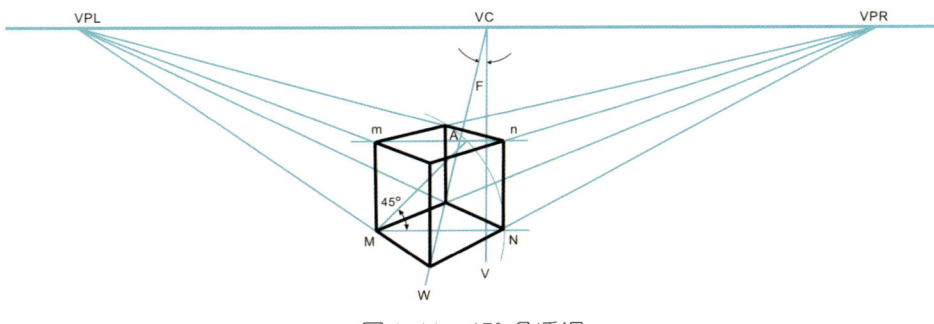

图1.11　45°角透视

画法如下：

（1）画一条水平线，定出线上的灭点VPL、VPR，将其定为水平线；

（2）找VPL、VPR的连线的中点VC（视心）；

（3）由VC以任意角度（F）向正方形引对角线；

（4）由VPL、VPR向一对角线以任意角度引透视线，由此可以确定最近角的顶点W；

（5）作与最近角的顶点W任意距离的水平对角线，交透视线于M、N；

（6）从M、N向VPL、VPR引透视线，画出立方体底面透视图；

（7）由底面的透视正方形的各角画垂线；

（8）将N绕M逆时针旋转45°，得到A；

（9）从A引出一条水平对角线，得到立方体的对角面；

（10）通过各点引透视线，绘制出立方体的顶面，从而完成立方体的绘制。

2）60°角透视如图1.12所示。

画法如下：

（1）画一条水平线并定出线上的灭点VPL、VPR；

（2）在VPL、VPR的中心取测点M1；

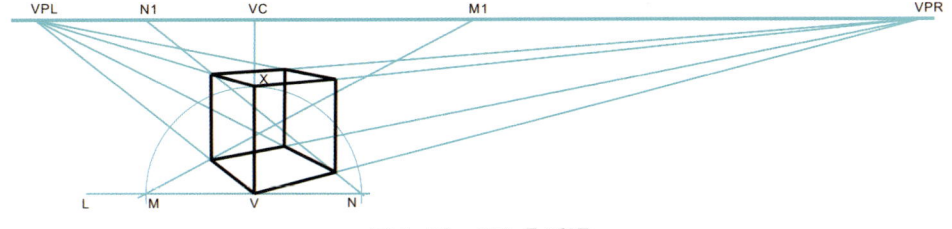

图1.12　60°角透视

(3) 把 M1 和 VPL 的中点定为 VC(视心);

(4) 把 VC 和 VPL 的中点定为测点 N1;

(5) 从 VC 向下引垂线,在任意位置定出立方体的最近角的顶点 V;

(6) 引一条通过 V 的基线 L;

(7) 确定立方体的高度 VX;

(8) 以 V 为中心,VX 为半径画弧,交基线 L 于 M、N;

(9) 由 V 向左右引透视线,并按照同样的方法由 X 点引透视线;

(10) 连接 N1 和 N、M1 和 M 得到与透视线的交点,透视线和其交点决定了立方体的进深;

(11) 从立方体底面的 4 个顶点引垂线,完成立方体的绘制。

3. 倾斜透视

当立方体的 3 组平行线均与画面倾斜成一定角度时,则这 3 组平行线各有一个灭点,这种透视被称为"倾斜透视"。倾斜透视通常呈俯视或仰视状态,常用于加强透视纵深感,表现高大物体,在建筑设计中应用较多,在产品设计中应用较少。

4. 圆透视

现代产品设计的形态多为曲面与直面结合,而且流线型产品设计的这种情况居多。一般地,圆或椭圆是不规则曲线之母,设计师只有了解和掌握圆与椭圆的透视画法和规律,才能准确把握产品曲面的透视效果。绘制圆与椭圆透视图的常用方法有八点法和十二点法。

圆与椭圆的八点法透视图如图 1.13 所示。

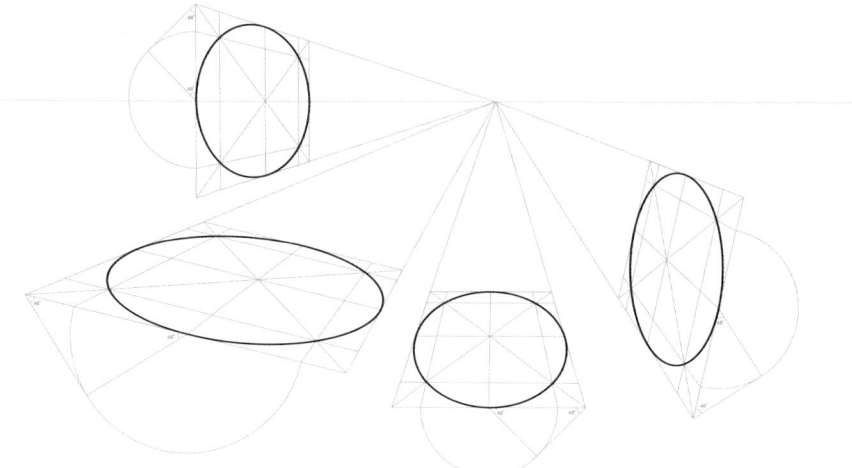

图 1.13　圆与椭圆的八点法透视图

圆与椭圆的十二点法透视图如图 1.14 所示。

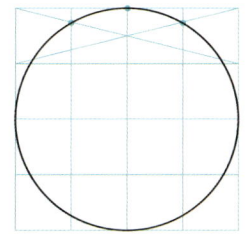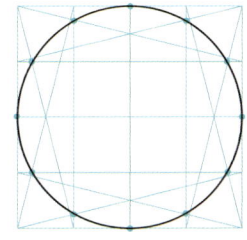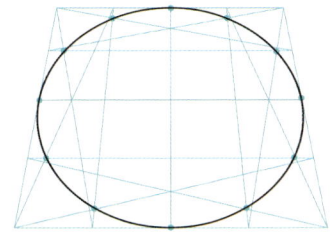

图 1.14　圆与椭圆的十二点法透视图

1.3.2　结构素描

【结构素描】

产品明暗素描（基础）	产品结构素描（专业基础）	产品手绘设计图（设计）
有产品参照	有产品参照	无产品参照
依靠作者对产品的主观感受来画，根据产品形体比例、内外结构、透视和明暗色调描绘产品特征	在充分认识、理解和掌握产品外在结构和内在规律的前提下，严谨地描绘产品特征	通过对各种产品形态的积累，在头脑中整合、组织处理后，严谨并形象化表达设计想法
以调子为主，施明暗，有光影变化，实体化描绘产品	以线为主，不施明暗，光影变化少，透明化描绘产品	用线、明暗、调子和光影等多手段描绘构思中的产品
感性地分析和描绘产品	理性地分析和描绘产品	理性地分析和描绘设计意图
产品有整体感、立体感、空间感，注重表面艺术效果	产品有明显三维线框的建模特征，艺术性不明显	有明显的三维特征图解形式，清晰地表现设计产品
不需要扎实的基础，可以零基础，适合起步学习	要对产品结构有深刻的理解，具备扎实的绘画基础，起步学习有一定难度	要对设计产品有整体的把握，有剖解产品结构的能力，起步学习有一定的难度
固定角度	固定角度	多维角度
只描绘看得见的外观形象	描绘看得见的外观形象和看不见的内在结构及被遮挡的外部轮廓	描绘不同角度的整体外观造型、内部细节造型、结构装配关系
整体和对比地观察	由此及彼、由表及里地观察	目的式观察，解决问题式思考

1.3.3　色彩

色彩是手绘图的重要构成要素，它具有直观而生动地将设计师的想法或意念传达给观者的功能。色彩功能是产品整体功能的重要组成部分，对某些产品来说甚至是产品的全部功能。某些产品的功能是色彩赋予的，具有某种颜色就具有某种功能，失去某种颜色就会失去部分或全部功能。譬如，用于城市道路交通的红绿灯，色彩功能几乎是产品的全部功能；储存液态

【色彩】

药品的包装，为避免药物因受强光照射而变质，大多采用茶色或暗褐色等，如果失去了特定的颜色，就会失去保质功能；环卫工人的防护服，采用纯度和明度都很高的颜色，这种颜色利于正在开车的司机识别在路面上作业的环卫工人，能起到保障环卫工人的安全的作用；在抗洪救灾中使用的救生衣，采用高纯度的橘红色，这种颜色的识别度高，救助者能在短时间内发现落水者，尽快地实施救援。所以，色彩功能在某些产品整体功能的设计中起着极为关键的作用。

开发色彩功能也可为产品竞争赢得市场效益。譬如，当本田 VT 250F 型摩托车被推向市场时，除车身精巧坚实的结构给人安全感，其亮丽新潮的颜色也体现了十足的现代感。该产品的色彩计划是首先生成黑与红两种颜色的广告冲击，以获取强烈的视觉效果；当其知名度已达到指名购买时，广告诉求马上转向白与红的组合，因为白色给人静谧安详的感觉，可以扩大女性用车市场；再以银粉与红的组合，体现美观、快速、科技含量高的品质感，以满足喜欢标新立异的消费群自我表现的需要。这样，同一车型不同色彩的变化相互影响，就交织成了一个坚实的整体产品形象。

可见，正确地运用色彩可有效表达产品设计创意并赢得相应的消费者市场。上色手绘图如图 1.15 所示。

【上色示范：一组摄像头的手绘图】

图 1.15　一组摄像头的上色手绘图　　李和森　绘

1.4 产品设计手绘表现技法要素

【产品设计手绘快速表达构成要素】

训练要求和目标

要求：配合图例讲解手绘图的构成要素。

目标：将手绘图的基本构成要素反映在绘画过程中，提高对手绘图的专业认知标准。

学习要点

- 掌握手绘图的构成要素，在头脑中形成固有认识，使之成为指导手绘技巧的基本理论。
- 断面线是反映产品形体起伏的一个重要标准，要注意学习它的画法和意义。

本节引言

专业的手绘图一般都有它专业的表现技法。如前述，产品设计手绘表现技法不同于绘画艺术速写，它有自己的专业标准。比如，构图要完整、透视要精准、画线要讲究、用色要简练等。本节诠释的就是由这些要素综合形成的专业手绘技法。

1.4.1 构图

构图是设计师在有限的空间和平面内，组织所表达的形象，形成整个空间和平面的特定形式。恰当的构图可以实现具有美感的视觉效果。构图要注意以下两点：

（1）画面内的图要有主次之分、大小之别，尽量避免平均化；

（2）画面内的图要尽量完整，避免残缺，设计师要把完整的产品造型呈现给观者。

手绘图如图1.16所示。

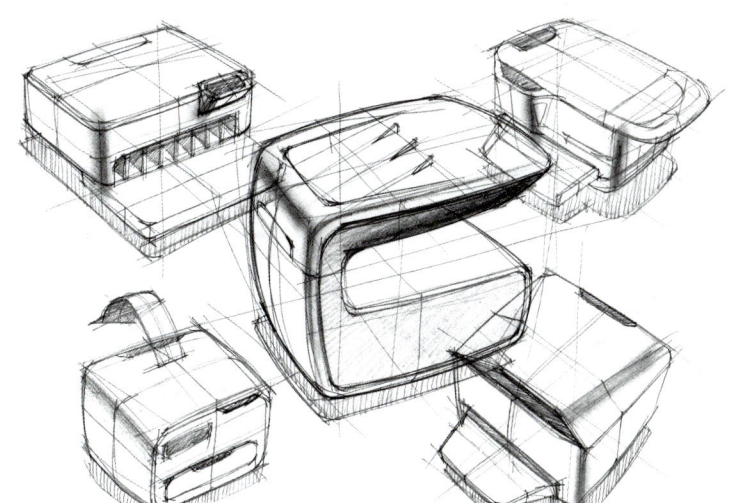

【手绘示范：一组打印机的手绘图】

图1.16　一组打印机的手绘图　李和森　绘

1.4.2　透视角度

画图时，透视不仅要准，而且其角度选择要注意以下几点。

（1）选择能够最大限度地展现产品的主要特征和细节的视角。

（2）选择有助于确定产品比例尺度的角度。

（3）选择能引起观者兴趣的角度。

1.4.3　线

线分为参照线、结构线、断面线、轮廓线等几种。

（1）参照线：绘制产品轮廓前，一般先轻轻绘出产品的长、宽、高3个方向的透视线，这样可以为绘制后面的产品轮廓线提供必要的参照，以便整体作画，参照线也被称为"辅助线"。

（2）结构线：产品的面与面的交界线、边界线，以及产品各部件的接缝等都可被称为"结构线"。画图时，产品的结构线要整体、清晰。

（3）断面线：断面线是表现形体起伏的线，它分为整体断面线和局部断面线，一般画在产品的中央，分横向和纵向。断面线要严谨准确。

（4）轮廓线：刻画产品时，常常加重产品的外轮廓线，使产品内外线条形成较强对比，一方面能使手绘图在统一中富有变化，另一方面能突出产品外轮廓的形体特征。外轮廓线的刻画程度要保持画面整体感。

1.4.4　多角度图

为了充分表达产品功能与造型的特征，设计师通常要画出产品造型不同角度的整体图和局部细节图，这样表达出的产品造型就会很全面。整体图强调的是大概效果，局部细节图主要包括局部结构的转折、凹凸效果和细节功能展示等，设计师有时需要对它们进行放大处理，以便表达得更清楚。手绘图如图1.17所示。

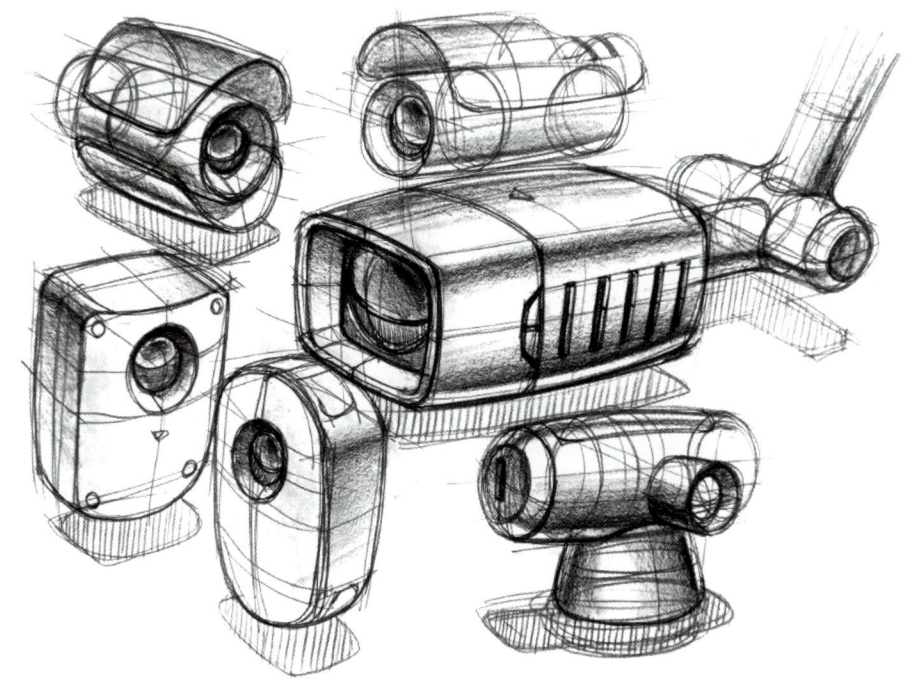

图 1.17　一组摄像头的手绘图　　李和森　绘

1.4.5　色

在产品设计手绘表现技法中,色彩往往被意向化,强调色彩的倾向和大感觉。运用色彩时应注意以下几点(见表 1.4)。

表 1.4　色彩运用注意事项

色调整体关系	必须确定表现对象的主色调,而其他颜色尽量与主色调协调,主色调的面积相对比较大,而次色调的面积较小。如果用有色纸,可以将有色纸的颜色定为主色调,提高光、加暗部就能便捷地达到整体关系良好的效果
色彩对比关系	在讲究色调统一的同时也要有色彩的对比,颜色是靠对比出效果的。在手绘图中,对比色的运用要仔细斟酌,一般在主要部位和精彩位置点缀一下,点缀的颜色既要与主色调产生对比,又要与之呼应
色彩主次关系	手绘图用色要概括简练,一种色彩为主,两三种色彩用于点缀。用色以表现对象特征和光影方向为依据。高光表现既要肯定,又不能生硬;暗部反光色要柔和而不抢眼。总之要分清主次,不能同等对待

1.4.6　投影

手绘产品投影的作用：一是辅助说明形体；二是与表达产品形体的线条产生疏密对比，增强画面视觉效果；三是增强产品的空间感和体积感。

产品投影的画法与素描画中的阴影不同，它可被理解为在产品下方有一定距离的假想平面内的投影，一般我们在产品投影区域画垂线，因为垂线的视觉冲击力比较强。手绘图如图 1.18 所示。

【手绘示范：一把冲锋枪的手绘图】

图 1.18　一把冲锋枪的手绘图　　李和森　绘

1.4.7　使用方式图

产品的使用方式图是把产品融入使用环境，将用户使用产品的方式或场景表现出来的图。观此图，观者可直观生动地感受到设计意图及产品的使用功能、比例尺寸、使用环境等。

1.4.8　文字

如果形象化的手绘图能以文字为补充说明，那么设计师思维发展的脉络就会表达得非常清晰。手绘图如图 1.19 所示。

一般地，说明文字可从以下几点来考虑（见表 1.5）。

表 1.5　说明文字构成

创新之处	重点说明新产品与其他产品的不同之处，以及新产品的优势
市场目标	说明设计针对的市场，同类产品情况，消费者对产品新的需求，设计要达到的目标
经济因素	大致说明新产品的材料和能源情况，估算成本和未来售价，对比市场上同类产品的价格，论证新设计的优劣之处
技术因素	说明新产品的功能及在生产中使用的工艺技术方法，论证新设计在技术上的可行性，以及需要特殊处理的地方
研发战略	预测产品未来发展趋势，简述新产品的开发计划等

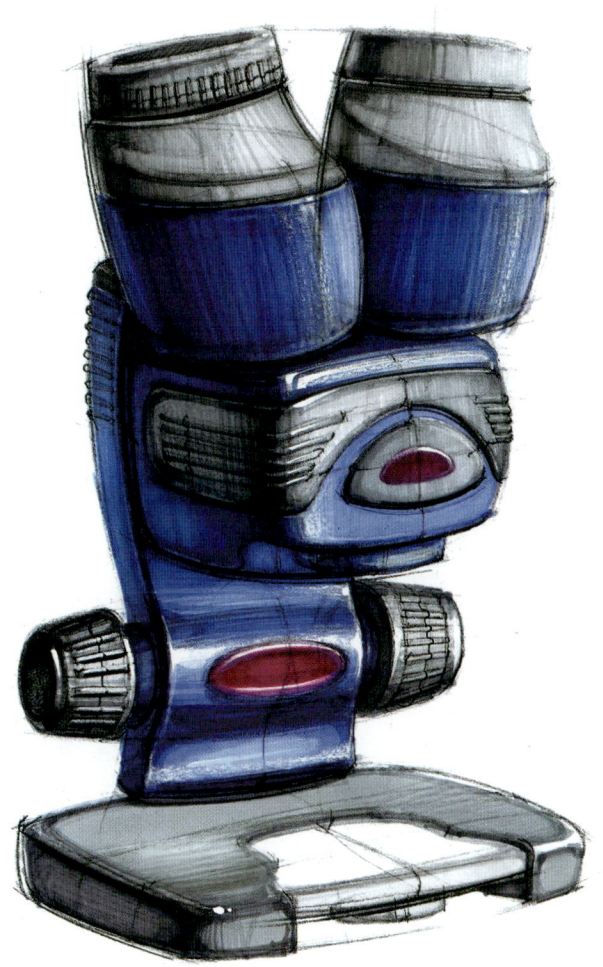

【上色示范：一款显微镜的手绘图（一）】

【上色示范：一款显微镜的手绘图（二）】

【上色示范：一款显微镜的手绘图（三）】

【上色示范：一款显微镜的手绘图（四）】

【上色示范：一款显微镜的手绘图（五）】

图 1.19　一款显微镜的上色手绘图　　李和森　绘

单元训练和作业

课题内容

熟悉产品设计手绘表现技法的基本知识、工具、基础和要素。

课题时间

理论讲解/4课时；手绘练习/4课时。

教学方式

教师通过多媒体展示手绘图，结合电子教案讲解手绘技法的基本含义及其在产品设计程序中的作用、手绘图的必备工具和使用方法、手绘图的技术基础；然后选择有代表性的手绘图重点讲述产品设计手绘图的基本构成要素，让学生对手绘图形成专业性认识，同时现场演示手绘图的基本画法，边演示边讲解工具用法和绘画步骤。最后，教师引导学生进行一些尝试性手绘练习，有选择地点评学生在课堂内完成的练习作业。

要点提示

手绘图构成要素是评价手绘图是否专业的标准。构成要素在初学手绘时有一定的指导意义，既能帮助初学者区分手绘图与其他图的差别，又能提高初学者对手绘图的认识。根据学生的课堂作业，教师可判断他们对构成要素的掌握情况，并针对性地进行辅导。

教学要求

（1）学生课前准备10张A3纸、若干支4B铅笔、橡皮和削笔刀，以及两本或两本以上的关于工业产品设计的图书。

（2）教师准备可播放电子文档的多媒体教学设备。

（3）学生完成两张手绘作业，作业内容是临摹教材或课前准备图书中的手绘图。

训练目的

从作业中感受手绘图的难易程度，学习把手绘图的构成要素导入作画过程的方法。

第 2 章　电子及信息产品设计手绘表现技法范例解析

训练要求和目标

要求：了解并掌握电子及信息产品手绘图的绘制步骤与方法。

目标：对电子及信息产品手绘图的绘制要依赖于整体作画的思想，在头脑中培养三维建模意识，学会剖析三维形态。

学习要点

- 规范的起稿方法利于表达设计构思。
- 电子及信息产品手绘图的绘制必须依赖于整体作画。
- 绘制电子及信息产品手绘图是以塑造产品的三维形态为核心的。
- 上色时，注意明暗统一，对比鲜明。

本章引言

产品设计手绘表现技法有很多种，各有长处。高效的产品设计过程要求手绘图必须快捷、简便。手绘工具的发展使手绘图实现快速表达成为可能。系统的绘画方法是形成手绘图技巧的基本保证。前面我们已经讲述了产品设计与手绘图之间的关系及手绘工具的特性。接下来，我们将通过描述电子及信息产品手绘图的绘制步骤，运用图文结合的方式系统讲述如何使用马克笔等工具。

规范手绘步骤是提升手绘技能的有效途径。因为我们只要动笔画手绘图，就会面临"怎样画"和"按照什么步骤画"的问题。手绘工具的充分发展使手绘图的表现技术手段多种多样，但不管运用何种手绘工具，基本的作画步骤与指导思想是不变的，而且产品设计手绘表现技法的步骤逐渐呈现技术程式化的特点，有规律可循。一般地，无论是一款产品还是一组产品的手绘图，绘制步骤基本相同，都遵照"先整体后局部、先概括后细化"的顺序。具体手绘步骤总结如下（见表2.1）。

【产品手绘线稿步骤】

【马克笔上色步骤】

表 2.1　产品设计手绘步骤表

1	起稿，先分析，再画出产品的参照线或辅助线	分析产品的透视、形态；根据产品的透视和角度，概括画出产品的参照线或规定产品形态的辅助线。如果一款产品的透视归纳起来有难度，一般情况下只画表现它的参照线和轮廓的辅助线。参照线和辅助线要简练、肯定，因为它们是进一步塑造形体的基本依据
2	概括画出产品造型的轮廓线和必要的断面线	绘制产品的轮廓线和断面线可以构建产品的三维特征。产品是有形的实体，在完成产品造型的轮廓线后，只有画出产品的整体断面线，才能表现出产品的三维效果
3	明确画出产品形体的具体轮廓线和断面线，刻画出局部特征	绘制具体的轮廓线和明确的断面线，清晰构建产品形体，在此基础上再绘制局部形体。这样作画符合从整体到局部的表现方法，有利于从整体把握表现效果
4	整体塑造产品形体转折和体积感，画出产品各个体面上的分模线	在表现形体转折时，不能拘泥于细节，要整体概括地表现，在产品三维形态表现比较充分的情况下，分割出产品的各部件
5	详细绘制产品的细节部位	绘制按键、按钮、凹槽等细节部位，注重整体效果，兼顾细节可使手绘图视觉效果完整，增强真实感
6	根据需求，用马克笔整体画出产品的主体色彩倾向	首先要确定光源的位置，用颜色明度高的马克笔简单概括产品的主体色彩倾向。一般画在形体明暗交界线处或分模线处
7	用同色系不同色阶的马克笔进一步整体塑造产品的体积感和质感	马克笔上色是围绕如何塑造产品的体积感展开的；除此之外，还要注意质感的表现，如玻璃、金属、木质和塑料等
8	刻画出产品的色相、明度和对比度，使产品造型及色彩更加充分、丰富和富有变化	在马克笔上色比较充分的情况下，可分辨出产品表面的色相和质感。笔触的变化和色彩的渐变处理可丰富画面的视觉效果
9	借助水溶性黑色彩铅勾画产品的整体轮廓和细部结构	强调产品的暗部轮廓线、形体上的分模线和细小的局部特征，使产品整体的结构和细节特征更加明确。由于色彩会覆盖线稿，弱化了产品结构，因此，需要使用水溶性黑色彩铅有针对性地刻画产品结构
10	用水溶性白色彩铅和白色水粉颜料提高光，使产品形体从整体到细节的明暗层次更加清晰	根据确定的光源，判断统一的受光和背光区域，可先用水溶性白色彩铅归纳出受光位置，再用白色水粉颜料提出高光线和高光点。一般情况下，最亮的高光点只有一个

2.1 游戏手柄

1. 起稿，分析并画出游戏手柄的参照线和辅助线。如图 2.1 所示。

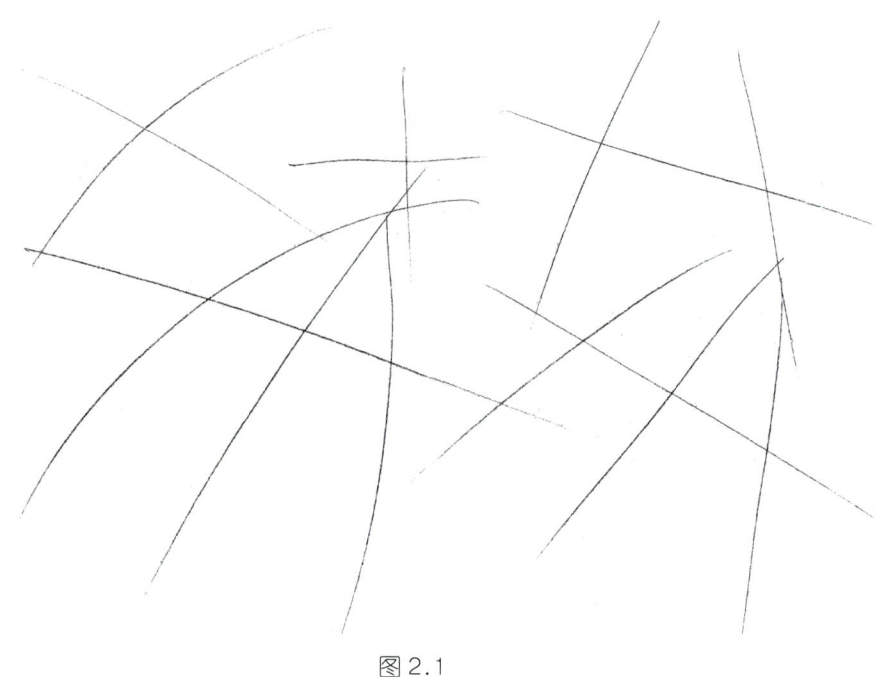

图 2.1

2. 画出游戏手柄造型的大体轮廓线和必要的断面线，注意主次产品的区分。如图 2.2 所示。

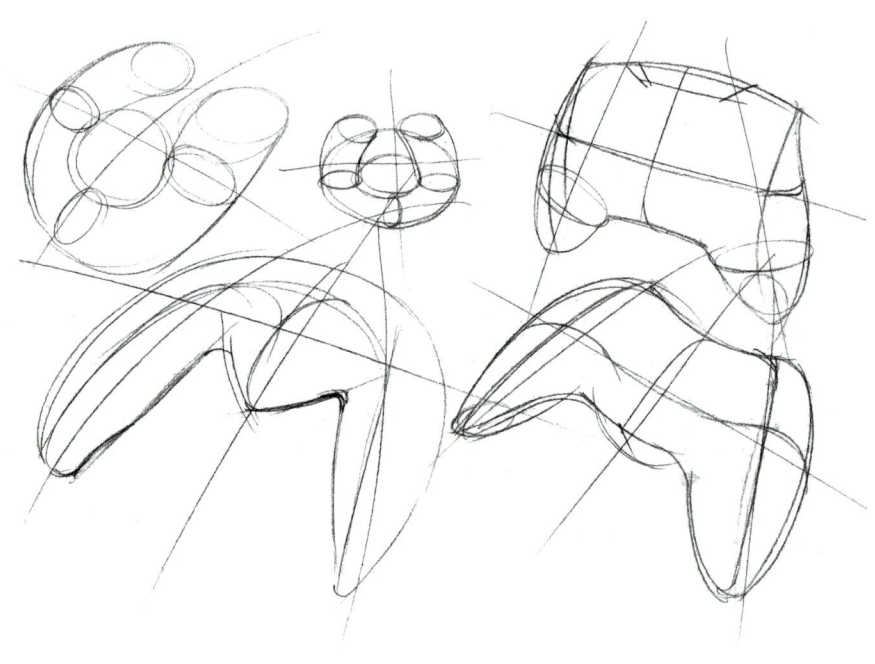

图 2.2

3. 明确画出游戏手柄形体的具体轮廓线和断面线，刻画出局部特征。游戏手柄的曲面转折要作适当处理。如图 2.3 所示。

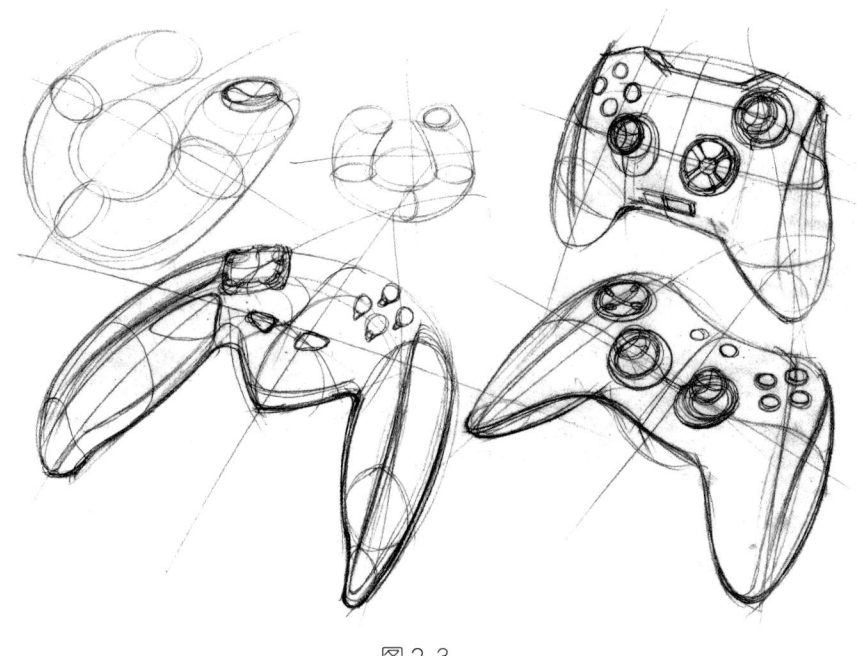

图 2.3

4. 整体塑造游戏手柄的形体转折和体积感，明确各个游戏手柄体面上的分模线。画面近端的游戏手柄的按钮刻画要尽量详细。如图 2.4 所示。

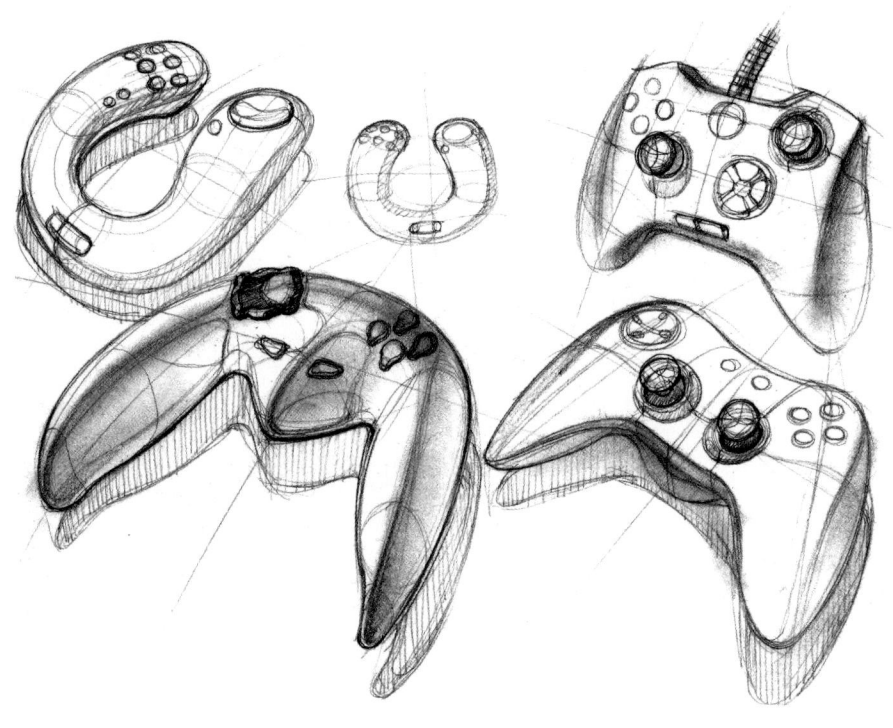

图 2.4

5. 详细绘制游戏手柄的细节部位，如把手曲面的转折、操控键等，注重整体效果。避免平均刻画画面中的每个游戏手柄。最后完成线稿。如图 2.5 所示。

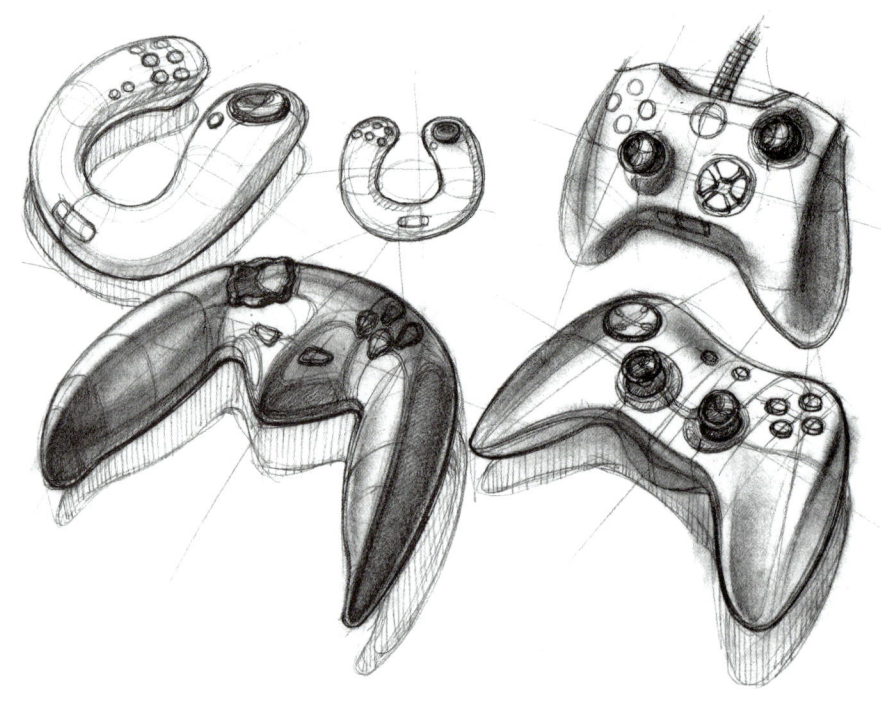

图 2.5

6. 用灰色系马克笔画出游戏手柄的主体色彩倾向，分别用红色、黄色和蓝色马克笔刻画出游戏手柄按钮的颜色。如图 2.6 所示。

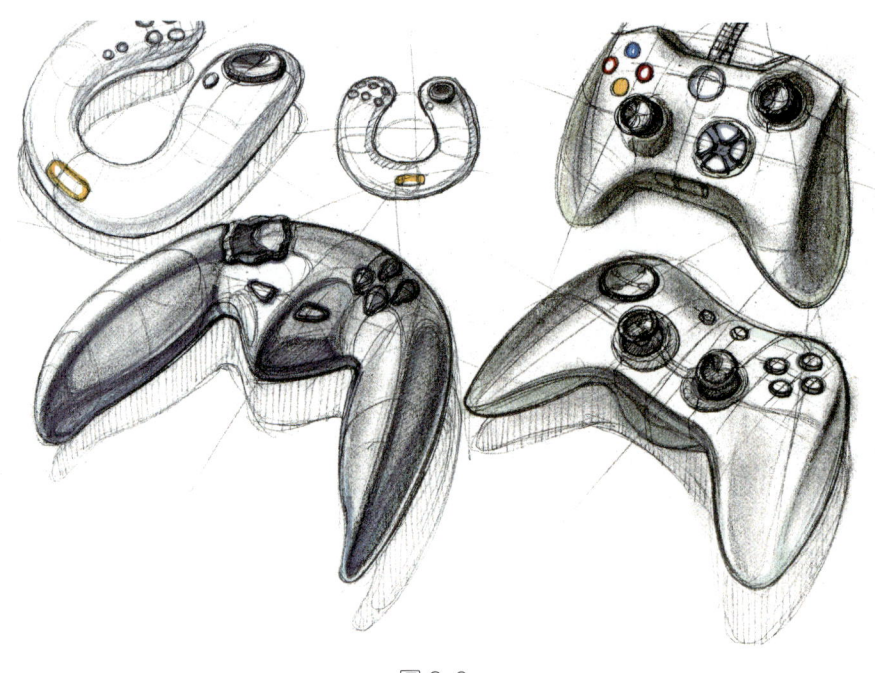

图 2.6

7. 用同色系不同色阶的马克笔进一步整体塑造游戏手柄的体积感和质感。如图 2.7 所示。

图 2.7

8. 有针对性地刻画出不同游戏手柄的色相、明度和对比度，使各个游戏手柄造型及色彩更加充分、丰富和富有变化。画面近端的游戏手柄上色可尽量充分，突出主次效果。如图 2.8 所示。

图 2.8

9. 借助水溶性黑色彩铅勾画出游戏手柄的整体轮廓和细部结构，如强调游戏手柄的暗部轮廓线、形体上的分模线和细小的局部特征，使游戏手柄整体的结构和细节特征更加明确。如图 2.9 所示。

图 2.9

10. 用水溶性白色彩铅和白色水粉颜料提高光，使游戏手柄形体从整体到细节的明暗层次更加清晰。最后完成上色。如图 2.10 所示。

图 2.10

2.2 鼠标

1. 起稿，分析并画出鼠标的参照线和辅助线。起稿时，应考虑画面的主次处理。如图 2.11 所示。

图 2.11

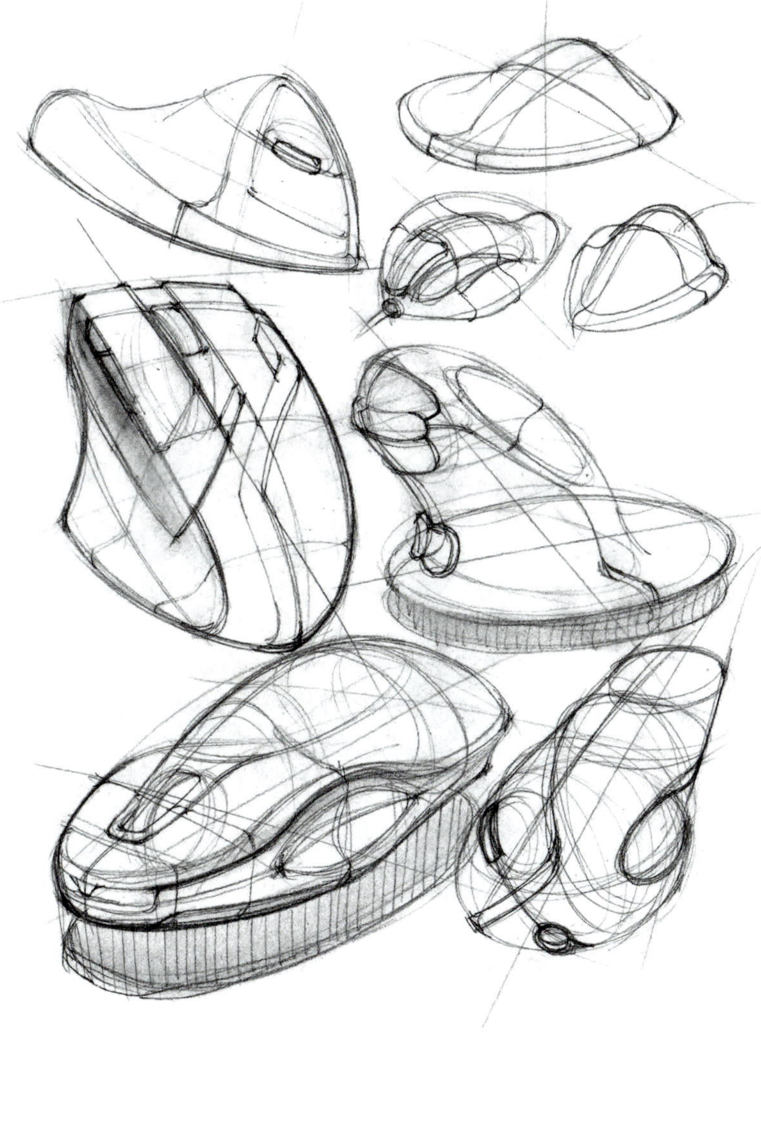

2. 画出鼠标造型的大体轮廓线和必要的断面线。鼠标造型不同，断面线的处理方法也不同。如图 2.12 所示。

图 2.12

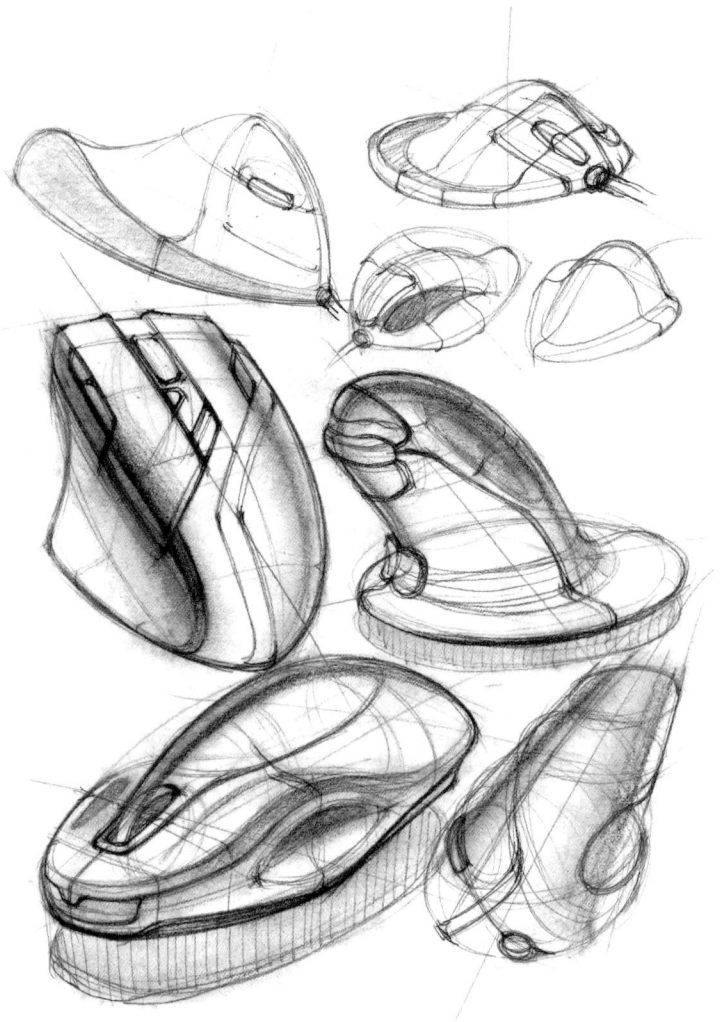

3. 明确画出鼠标形体的具体轮廓线和断面线，刻画出局部特征。体面转折的调子要尽量细腻，使鼠标的曲面过渡更加光顺。如图2.13所示。

图2.13

4. 整体塑造鼠标的形体转折和体积感，明确鼠标各个体面上的分模线。刻画各个鼠标时要注意区分主次。如图2.14所示。

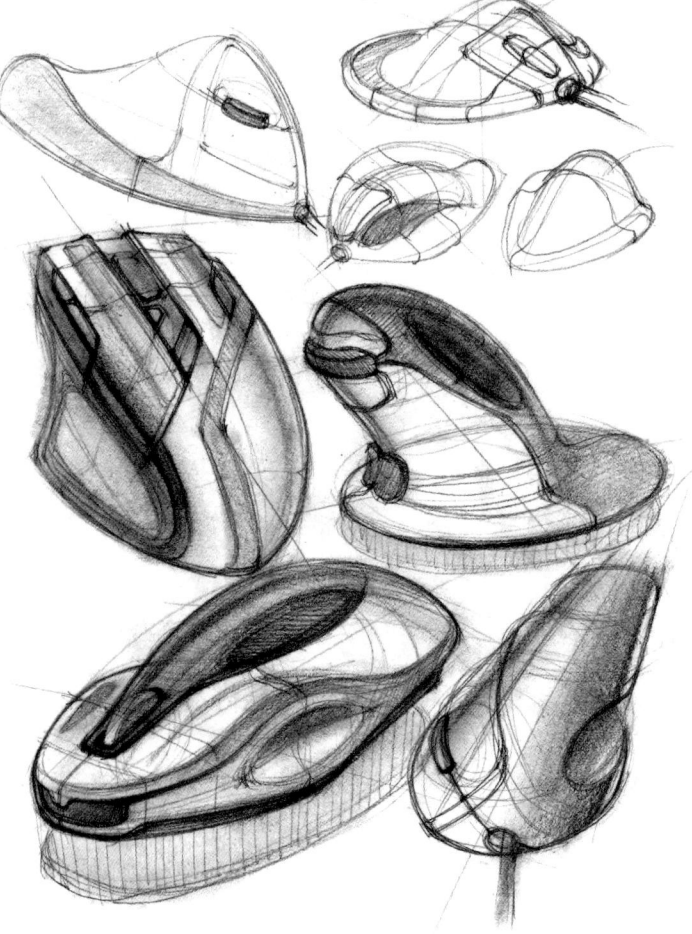

图2.14

5. 详细绘制鼠标的细节部位，如按键和滑轮等，注重整体效果。在完善细节和结构时，要避免线条的平均化处理。最后完成线稿。如图2.15所示。

图2.15

6. 用灰色系和绿色系等马克笔画出鼠标的主体色彩倾向。选用绿色马克笔时，颜色纯度要高。如图2.16所示。

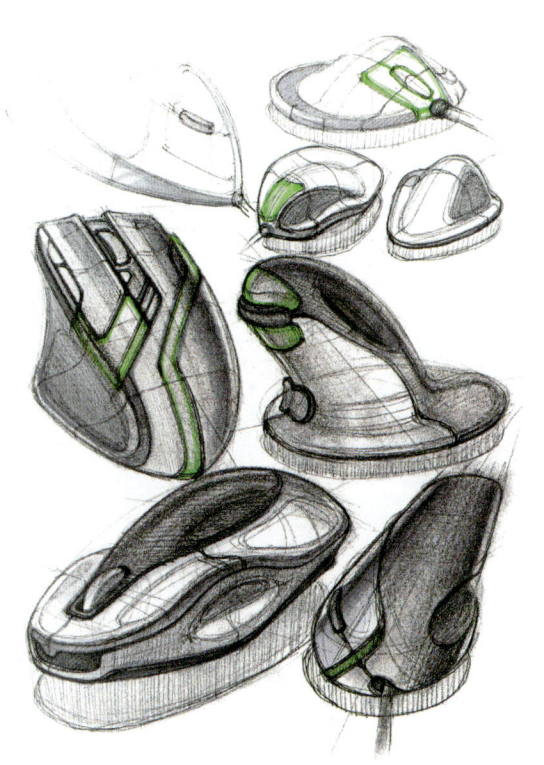

图2.16

7. 用同色系不同色阶的马克笔进一步整体塑造鼠标的体积感和质感。每个鼠标的形体不同，用笔和用色的方式也不同。如图 2.17 所示。

图 2.17

8. 有针对性地刻画出不同鼠标的色相、明度和对比度，使各个鼠标造型及色彩更加充分、丰富和富有变化。注意鼠标表面的质感和对比度的刻画。如图 2.18 所示。

图 2.18

9. 借助水溶性黑色彩铅勾画鼠标的整体轮廓和细部结构，如强调鼠标的暗部轮廓线、结构线、形体上的分模线和细小的局部特征，使鼠标的整体结构和细节特征更加明确。如图2.19所示。

图2.19

10. 用水溶性白色彩铅和白色水粉颜料提高光，使鼠标形体从整体到细节的明暗层次更加清晰。提高光后，可增强鼠标接缝处的体积感。最后完成上色。如图2.20所示。

图2.20

2.3 播放器界面

1. 起稿，分析并画出播放器界面的参照线和辅助线。注意避免笔触的重复。如图 2.21 所示。

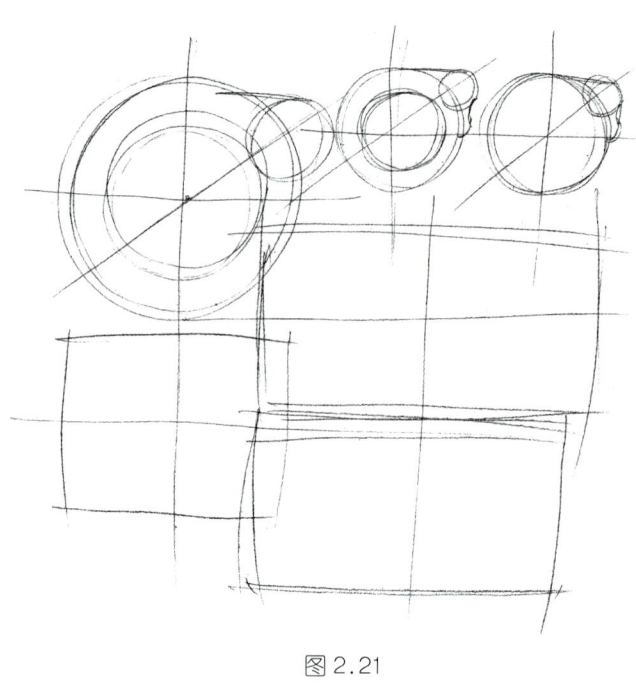

图 2.21

2. 画出播放器界面造型的大体轮廓线和必要的断面线。这里的断面线基本可被概括为产品的参照线，播放器界面多半依靠光影来增强体积感。如图 2.22 所示。

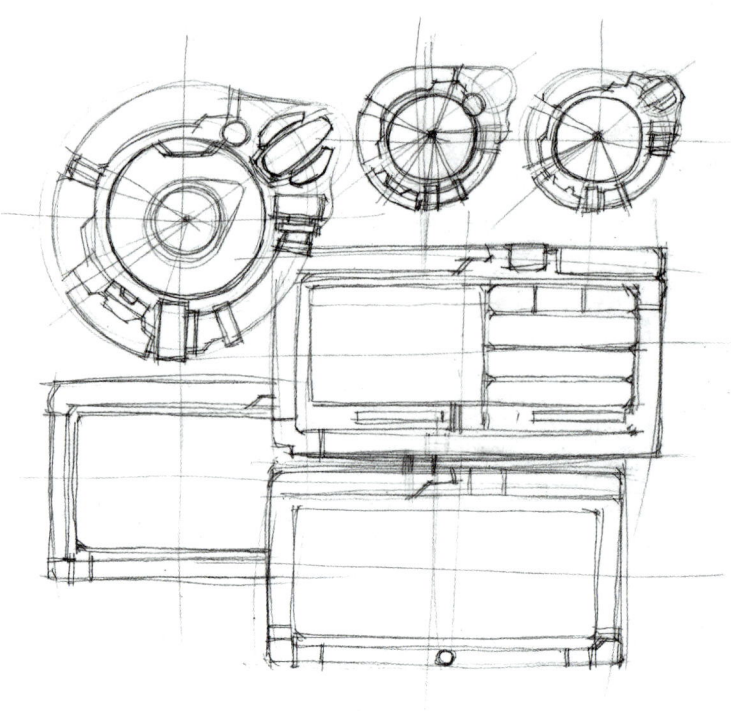

图 2.22

3. 明确画出播放器界面形体的明暗面，刻画出局部特征。注意整体控制界面的视觉效果。如图 2.23 所示。

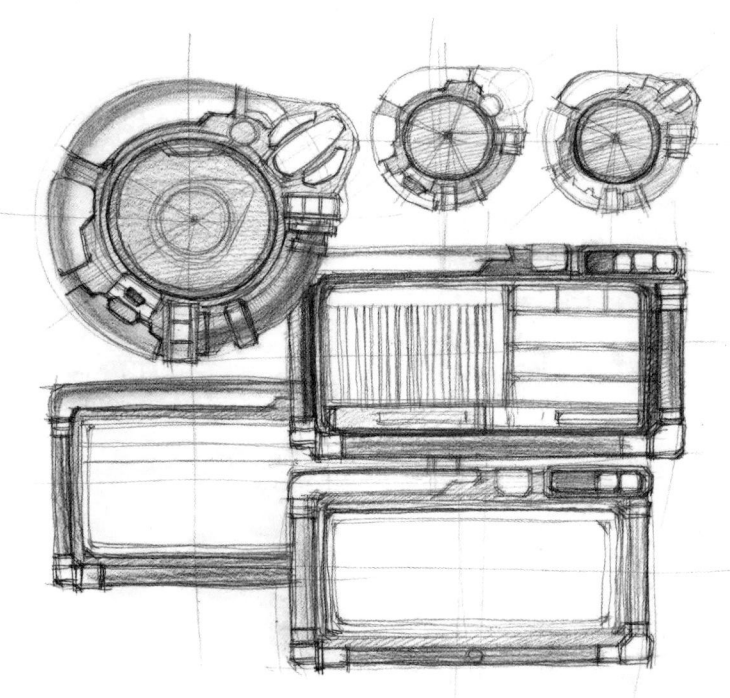

图 2.23

4. 整体塑造播放器界面的形体转折和体积感，明确各个播放器体面上的结构线。通过明暗转折来增强体积感。如图 2.24 所示。

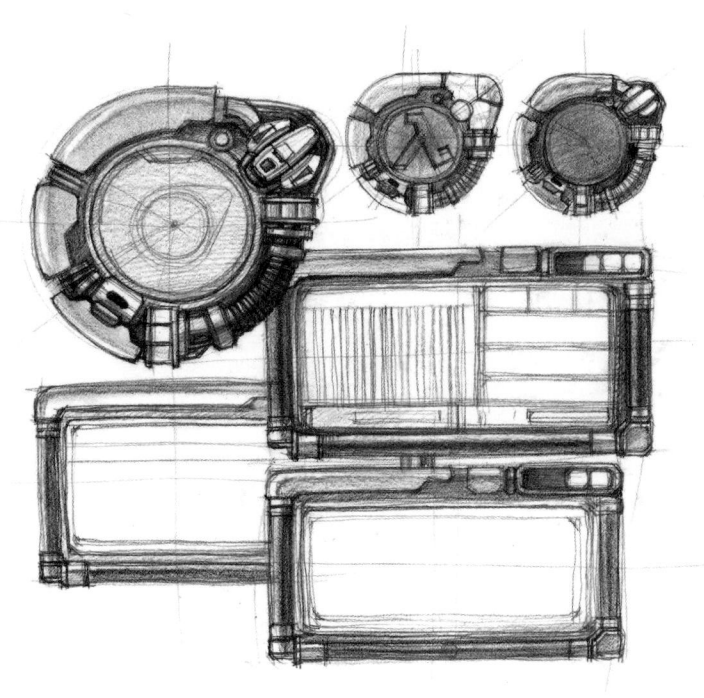

图 2.24

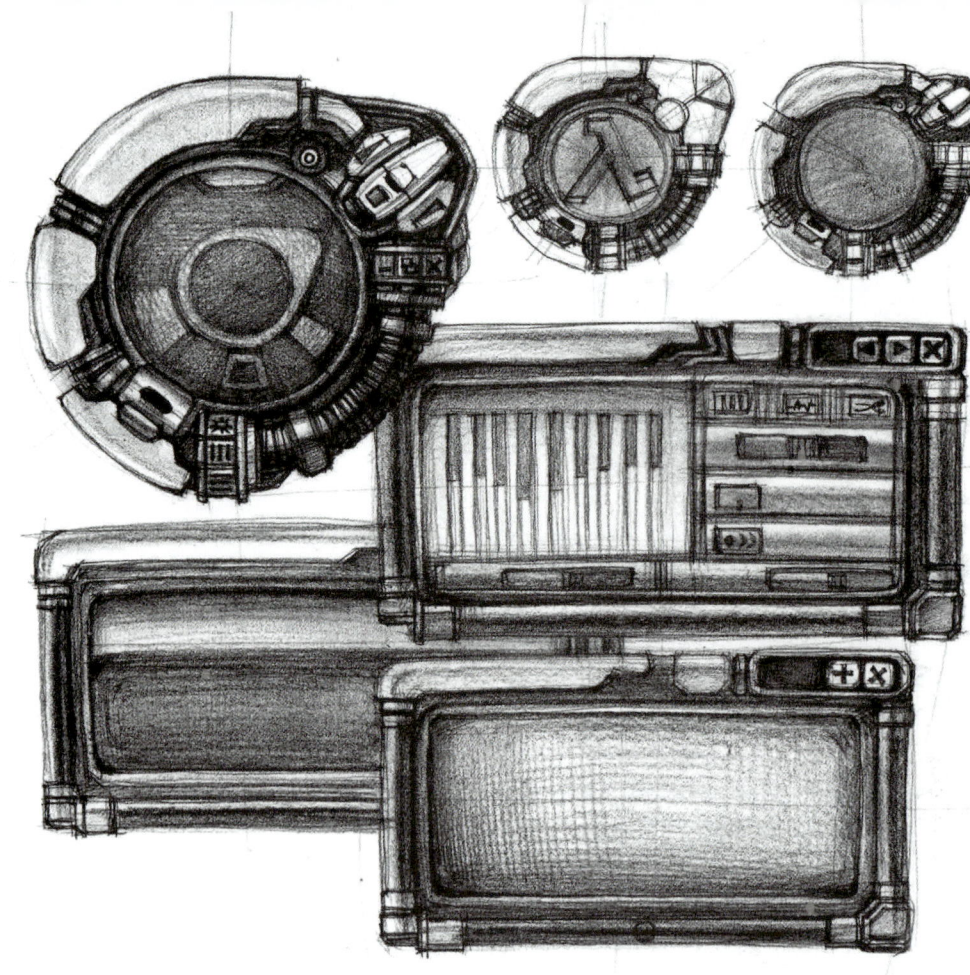

5. 详细绘制播放器界面的细节部位,如播放按钮等,注重整体效果。由于播放器界面的细节较多,可进行一定的取舍。最后完成线稿。如图 2.25 所示。

图 2.25

6. 用灰色系和黄色系等马克笔画出播放器界面的主体色彩倾向。高光位置留白。如图 2.26 所示。

【上色示范:
播放器界面的
手绘图(一)】

【上色示范:
播放器界面的
手绘图(二)】

【上色示范:
播放器界面的
手绘图(三)】

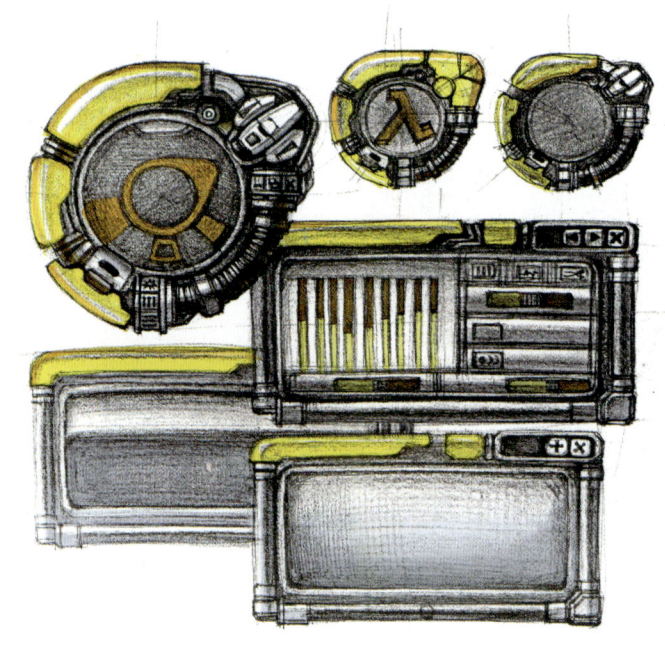

图 2.26

7. 用同色系不同色阶的马克笔进一步整体塑造播放器界面的体积感和质感。深黄色马克笔一般被用在播放器界面的边缘处，加强局部的体面转折。如图 2.27 所示。

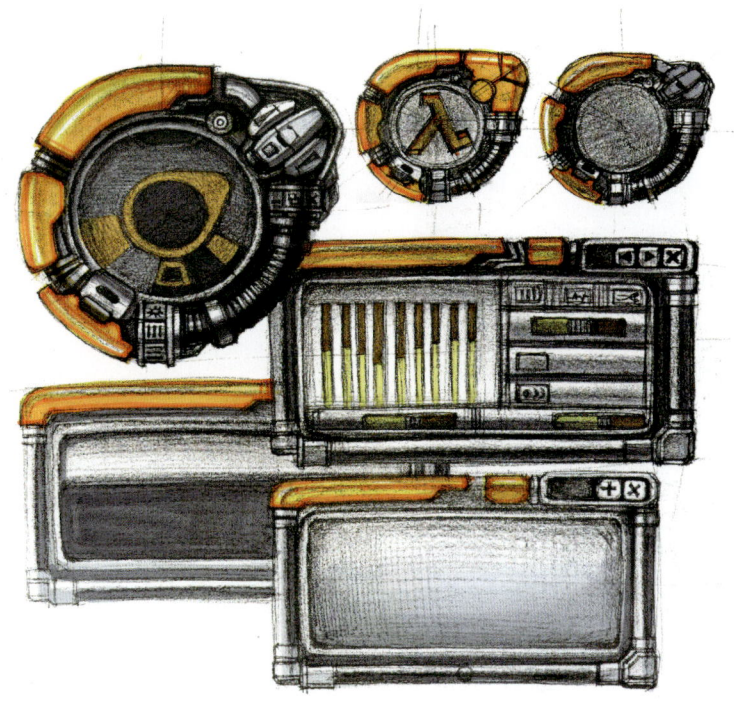

【上色示范：播放器界面的手绘图（四）】

图 2.27

8. 有针对性地刻画出不同播放器界面的色相、明度和对比度，使各个播放器界面造型及色彩更加充分、丰富和富有变化。播放器界面的暗部反光处可酌情添加纯度较高的橘黄色，增强形体的反光效果和体积感。如图 2.28 所示。

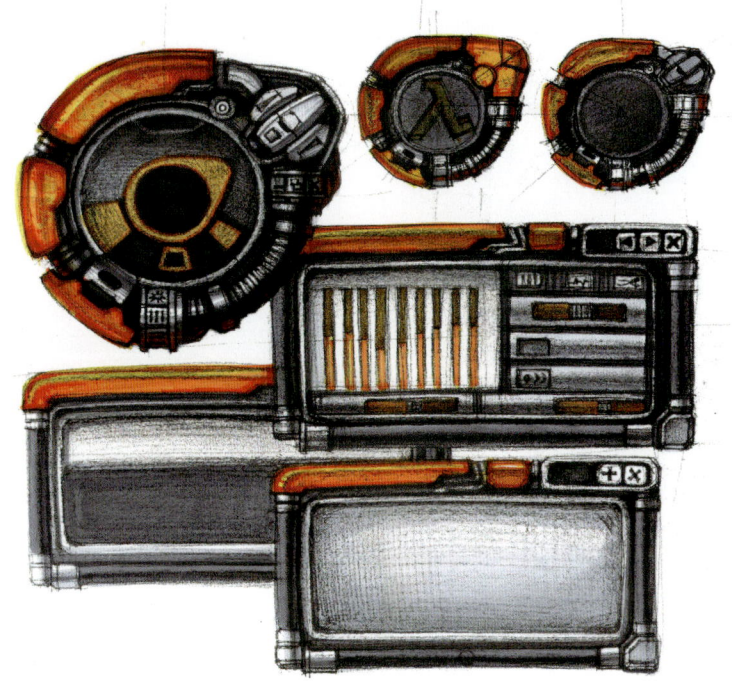

【上色示范：播放器界面的手绘图（五）】

【上色示范：播放器界面的手绘图（六）】

图 2.28

9. 借助水溶性黑色彩铅勾画播放器界面的整体轮廓和细部结构，如加重播放器界面的暗部轮廓线、形体上的分模线和细小的局部特征，使播放器界面的整体结构和细节特征更加明确。水溶性黑色彩铅刻画后，播放器界面的细节更清晰。如图 2.29 所示。

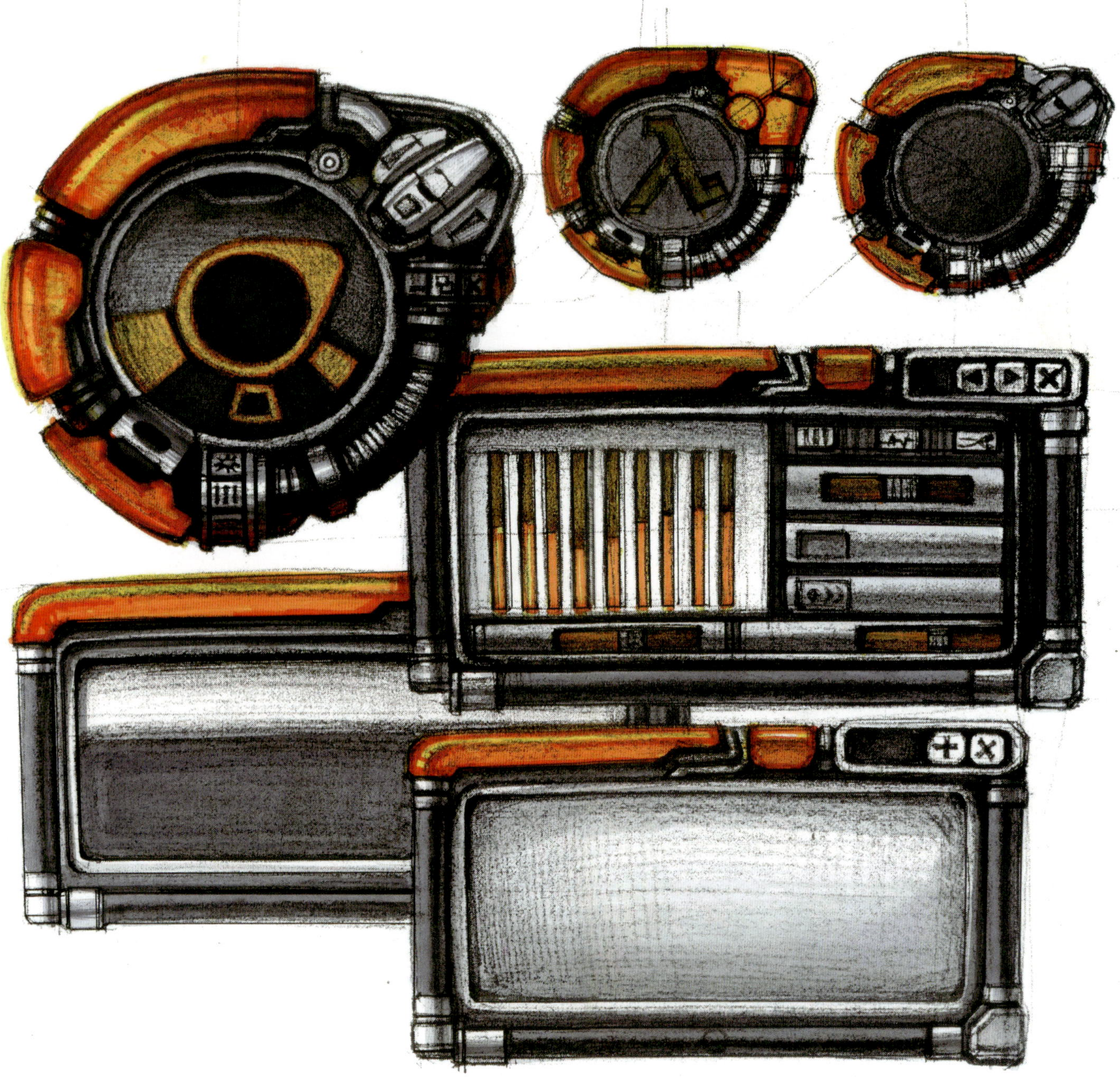

图 2.29

【上色示范：
播放器界面的
手绘图（七）】

【上色示范：
播放器界面的
手绘图（八）】

【上色示范：
播放器界面的
手绘图（九）】

10. 用水溶性白色彩铅和白色水粉颜料提高光，使播放器界面形体从整体到细节的明暗层次更加清晰。播放器界面的高光处理尽量集中，避免平均化。最后完成上色。如图 2.30 所示。

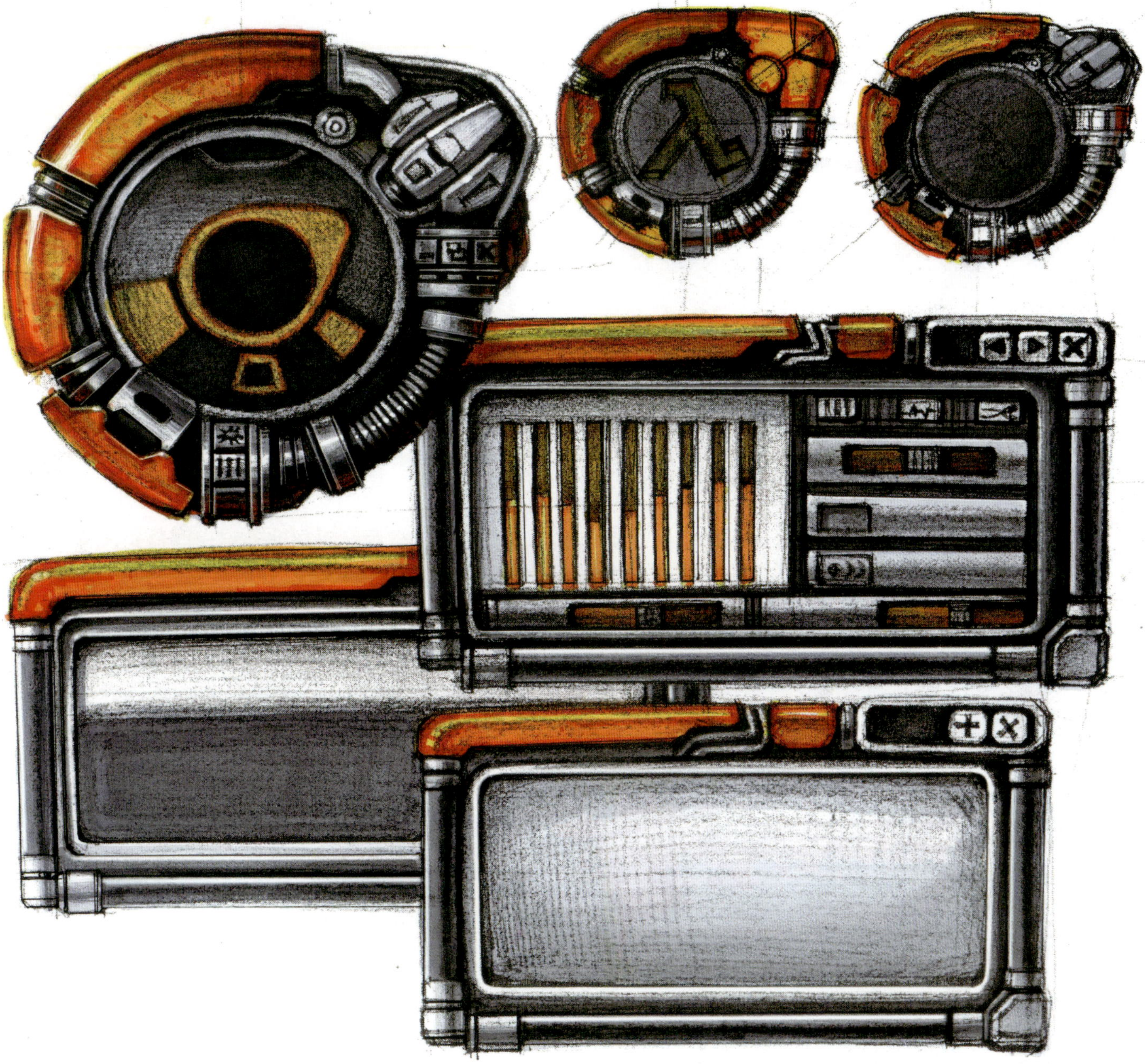

图 2.30

【上色示范：播放器界面的手绘图（十）】　【上色示范：播放器界面的手绘图（十一）】

单元训练和作业

课题内容

练习绘制电子及信息产品手绘图。

课题时间

理论讲解 /4 课时；绘制一幅 A3 尺寸的作品 /8 课时。

教学方式

教师通过多媒体展示本章内容，结合电子教案全面讲解电子及信息产品手绘图的绘制步骤与方法，强调手绘线稿的注意事项，以及马克笔上色的基本顺序与方法，让学生对绘制步骤与方法形成系统性认识；同时，教师结合技法理论现场演示手绘图的绘制过程，边演示边讲解技法理论，强化手绘技法的知识要点。最后，教师引导学生进行手绘练习，对学生进行辅导并有选择地点评学生在课堂内完成的练习作业。

要点提示

表现电子及信息产品播放器界面的体积感有一定难度，教师在讲解此知识点时需要讲清楚绘画技巧。

教学要求

（1）学生课前准备教材内规定的手绘工具，以及两本或两本以上关于工业产品设计的图书。

（2）教师准备可播放电子文档的多媒体教学设备。

（3）学生在本章课程学习结束前，用 8 课时完成一幅 A3 尺寸的手绘作业，作业内容是临摹教材或课前准备图书中的手绘图。

训练目的

从作业中感受电子及信息产品手绘图的绘制步骤与方法，记住绘制顺序与步骤并落实在作业中。

第 3 章　小型家用产品设计手绘表现技法范例解析

训练要求和目标

要求：了解并掌握小型家用产品手绘图的绘制步骤与方法。

目标：运用所学知识，能熟练绘制小型家用产品手绘图。

学习要点

- 绘制一组产品的手绘图需要一定的宏观把控能力。
- 遵循"先整体后局部、先概括后深入"的绘制步骤。
- 寻找能构建小型家用产品的三维形态的思路与方法。
- 突出产品的造型结构。

本章引言

小型家用产品经常成为产品快题设计的对象，比较常见的小型家用产品有电吹风、电热水壶、电熨斗、订书器等。本章描绘这些产品的原因有两个：一是这些产品具有代表性；二是它们与方体类产品不同，都由比较复杂的曲面组成，手绘表现有难度，是产品手绘学习者必须攻克的一关。本章通过对此类小型家用产品的绘画描述与解析，讲解这类手绘图的绘制步骤与方法。

小型家用产品手绘图的绘制步骤与前面章节讲述的手绘图的绘制步骤相同，需要注意的是由于小型家用产品的曲面较多，我们在绘制时，需要处理好曲面的转折。手绘图如图 3.1 所示。

【上色示范：玩具象造型家用产品的手绘图（一）】

【上色示范：玩具象造型家用产品的手绘图（二）】

【上色示范：玩具象造型家用产品的手绘图（三）】

图 3.1　玩具象造型家用产品的手绘图　　李和森　绘

3.1 电吹风

1. 起稿,分析并画出电吹风的参照线和辅助线,用线尽量简洁果断。如图 3.2 所示。

图 3.2

2. 画出电吹风造型的大体轮廓线,注意区分主次。如图 3.3 所示。

图 3.3

3. 明确画出电吹风形体的具体轮廓线和断面线，刻画出局部特征。画面核心的电吹风产品要着重表现。如图 3.4 所示。

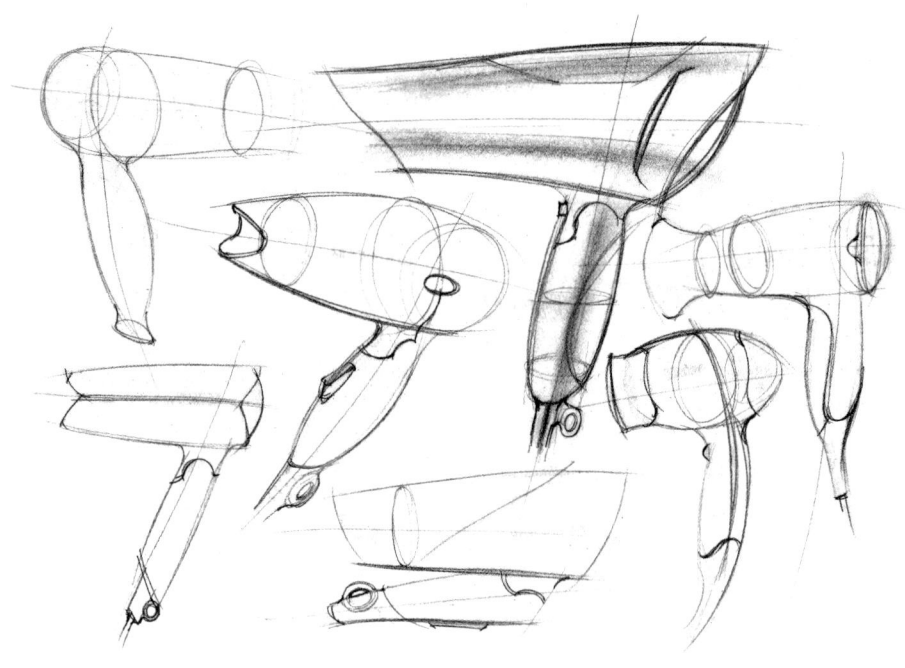

图 3.4

4. 整体塑造电吹风的形体转折和体积感，明确各个产品体面上的分模线。依次将画面内每个电吹风的体积感表现出来。如图 3.5 所示。

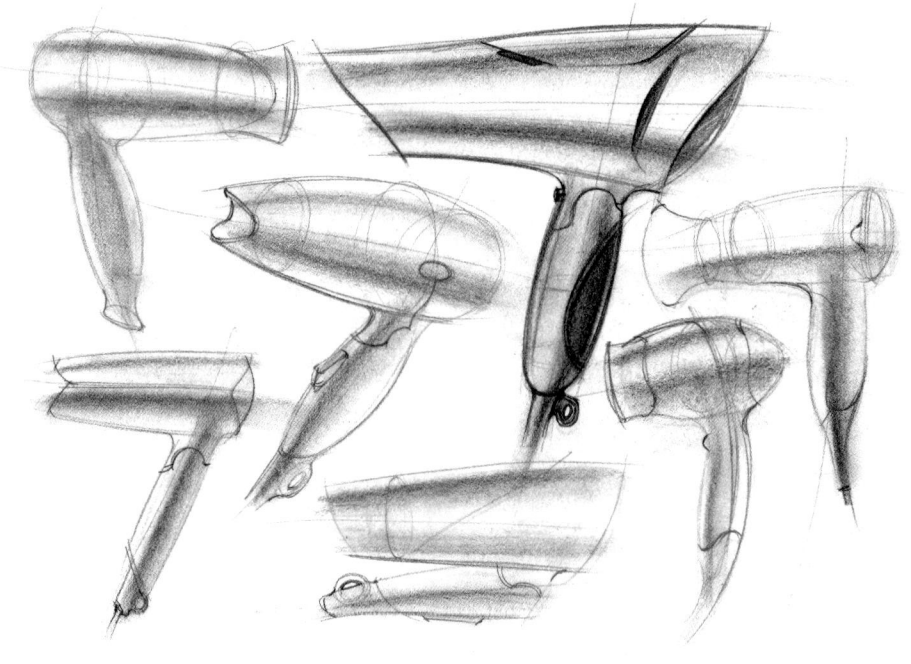

图 3.5

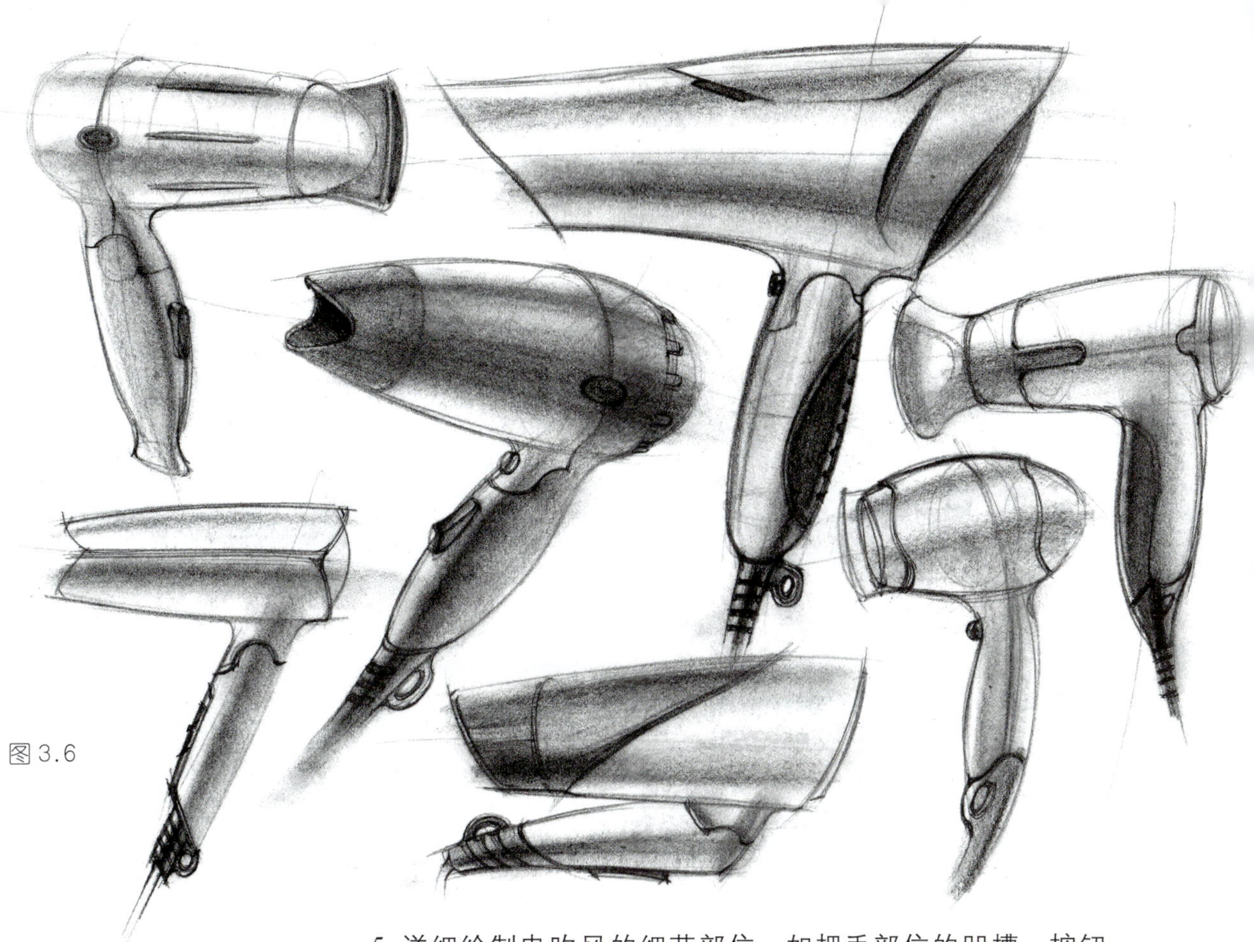

图3.6

5. 详细绘制电吹风的细节部位,如把手部位的凹槽、按钮等,注重整体效果。最后完成线稿。如图 3.6 所示。

6. 用灰色系和红色系等马克笔画出电吹风的主体色彩倾向,并有选择地对各个电吹风的颜色加以区分。如图 3.7 所示。

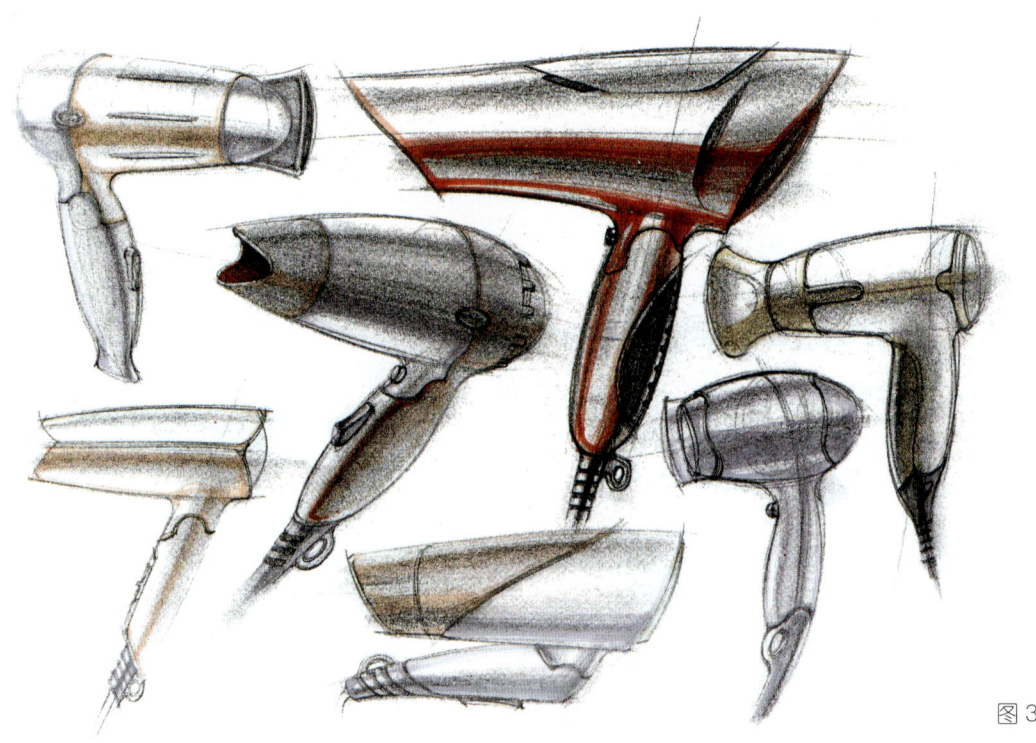

图3.7

7. 用同色系不同色阶的马克笔进一步整体塑造电吹风的体积感、质感，马克笔笔触要有速度感、干净果断，这样才能表现出流畅的机身线条及简约时尚的外观。如图 3.8 所示。

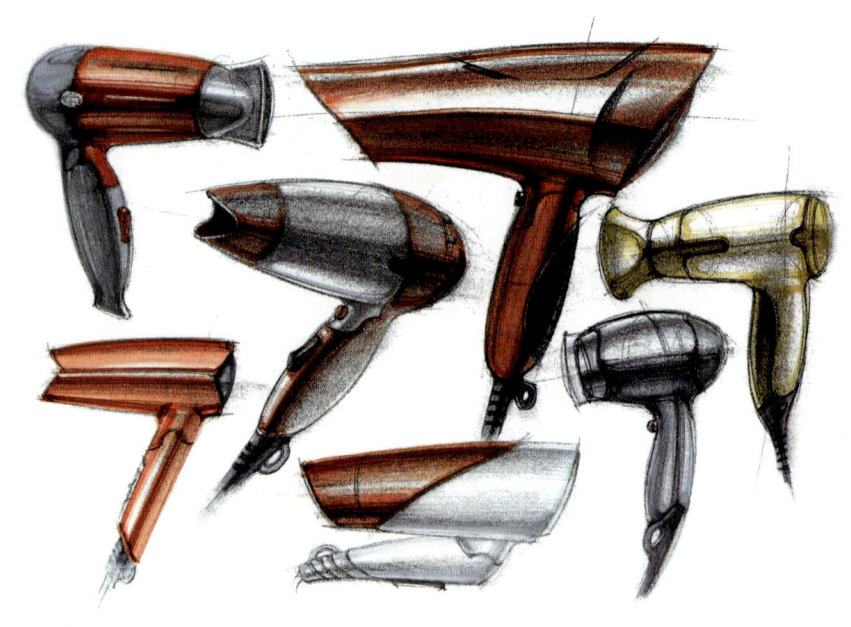

图 3.8

8. 有针对性地刻画出不同电吹风的色相、明度和对比度，使各个电吹风造型及色彩更加充分、丰富和富有变化。画面中黑灰色的电吹风的风嘴使用的是透明材料，尽量表现出它的透明质感。如图 3.9 所示。

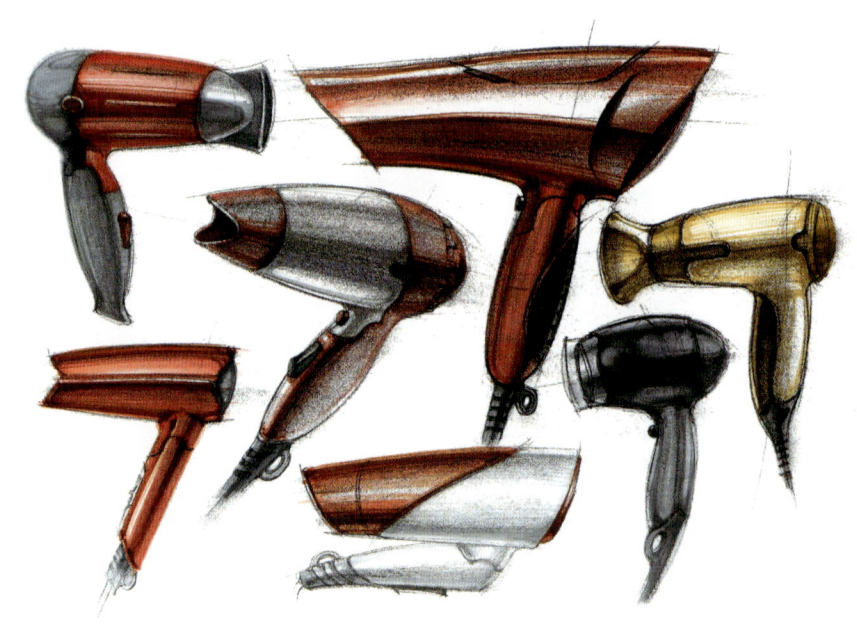

图 3.9

9. 借助水溶性黑色彩铅勾画电吹风的整体轮廓和细部结构，如强调产品的暗部轮廓线、形体上的分模线和细小的局部特征，使产品的整体结构和细节特征更加明确。电吹风的结构轮廓可考虑用多线处理。如图 3.10 所示。

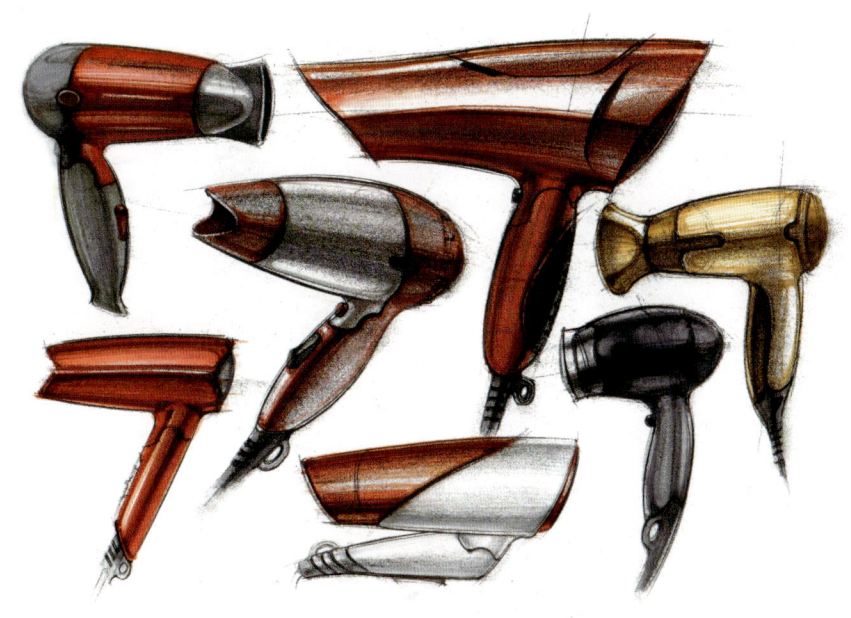

图 3.10

10. 用水溶性白色彩铅和白色水粉颜料提高光，使电吹风形体从整体到细节的明暗层次更加清晰，增强分模线的体积感和视觉对比。如图 3.11 所示。

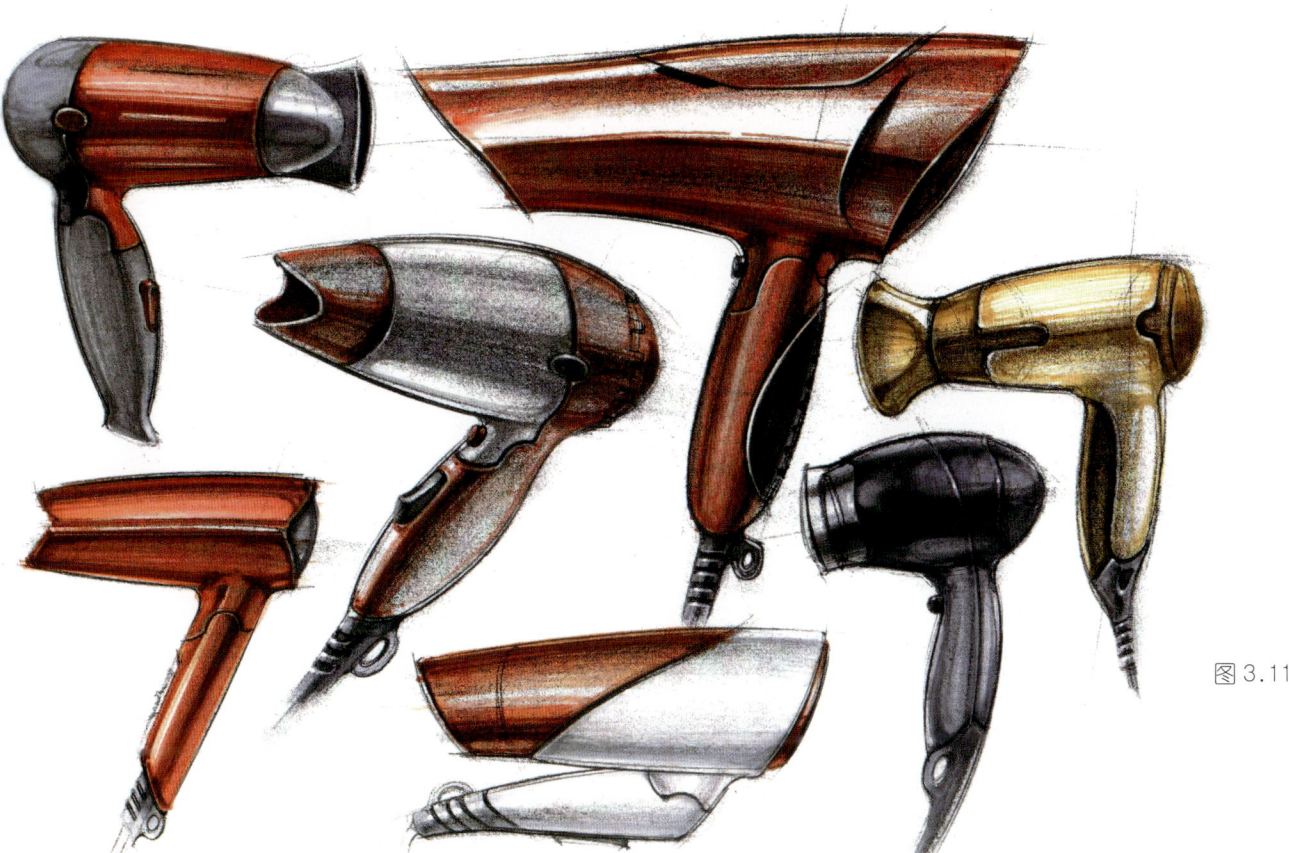

图 3.11

3.2 电热水壶

1. 起稿，分析并画出电热水壶的参照线和辅助线，注意合理构图。如图 3.12 所示。

图 3.12

2. 画出电热水壶造型的大体轮廓线和必要的断面线。用线要果断快速。如图 3.13 所示。

图 3.13

3. 明确画出电热水壶形体的具体轮廓线和断面线，刻画出局部特征。画壶嘴、把手等转折处时，笔触尽量放慢，可加重处理。如图 3.14 所示。

图 3.14

4. 整体塑造电热水壶的形体转折和体积感，明确各个电热水壶体面上的分模线，表现壶嘴、把手、壶盖等基本特征。如图 3.15 所示。

图 3.15

5. 详细绘制电热水壶的细节部位，如把手、壶嘴等，注重整体效果。可用明暗调子塑造出把手细微转折处的体积感。最后完成线稿。如图 3.16 所示。

图 3.16

6. 用灰色系等马克笔画出电热水壶的主体色彩倾向。马克笔的起笔处为水壶的明暗交界处。如图 3.17 所示。

图 3.17

7. 用同色系不同色阶的马克笔进一步整体塑造电热水壶的体积感和质感。塑造各个水壶的体积感时尽量保持统一的光影效果。如图 3.18 所示。

图 3.18

8. 有针对性地刻画出不同电热水壶的色相、明度和对比度，使各个电热水壶造型及色彩更加充分、丰富和富有变化。进一步加重处理电热水壶的色彩时，要保持原有的色彩对比关系。如图 3.19 所示。

图 3.19

9. 借助水溶性黑色彩铅勾画电热水壶的整体轮廓和细部结构，如强调电热水壶的暗部轮廓线、形体上的分模线和细小的局部特征，使电热水壶的整体结构和细节特征更加明确。如图 3.20 所示。

图 3.20

10. 用水溶性白色彩铅和白色水粉颜料提高光，使电热水壶形体从整体到细节的明暗层次更清晰。画面中央下方的水壶视角接近正视图，因此用接近直线的弧线表现高光。最后完成上色。如图 3.21 所示。

图 3.21

3.3 电熨斗

1. 起稿,分析并画出电熨斗的参照线和辅助线,用线尽量简洁果断。如图 3.22 所示。

图 3.22

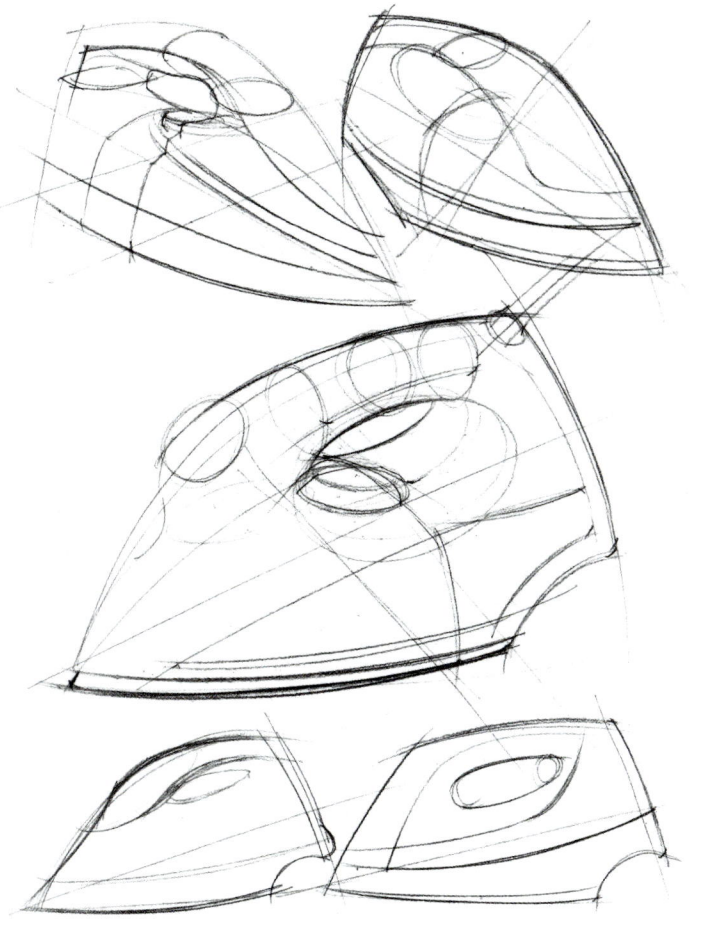

2. 画出电熨斗造型的大体轮廓线和必要的断面线,断面线有助于表现电熨斗把手的基本形态。如图 3.23 所示。

图 3.23

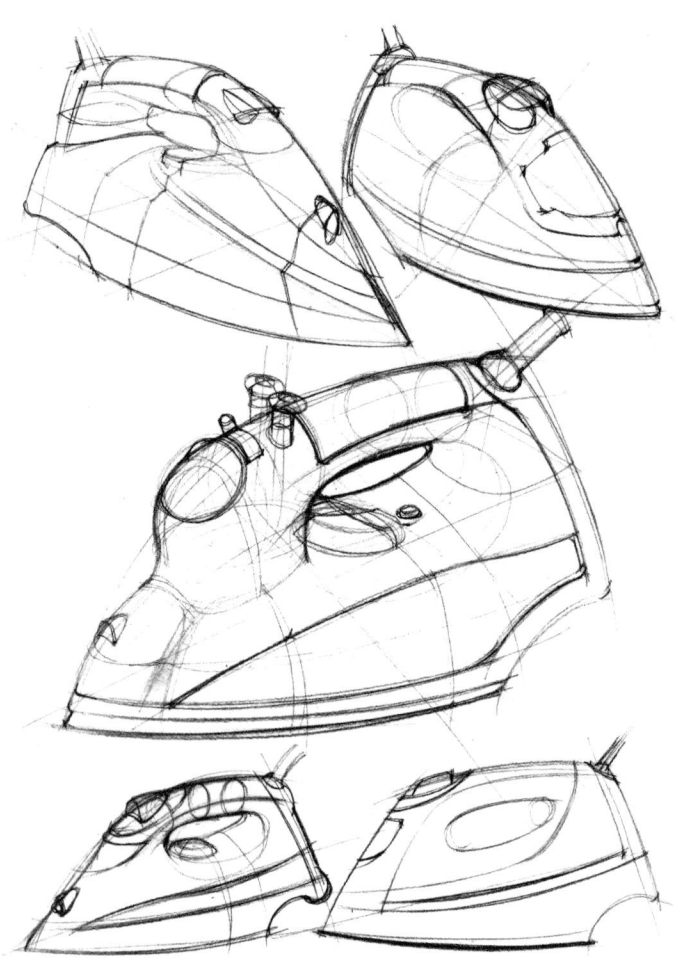

3. 明确画出电熨斗形体的具体轮廓线和断面线，刻画出局部特征。尤其是刻画电熨斗的各个按键、旋钮和接线端等细节部位的基本轮廓线。如图 3.24 所示。

图 3.24

4. 整体塑造电熨斗的形体转折和体积感，明确各个电熨斗体面上的分模线。电熨斗各个明暗交界处的调子处理要整体、简洁、充分。如图 3.25 所示。

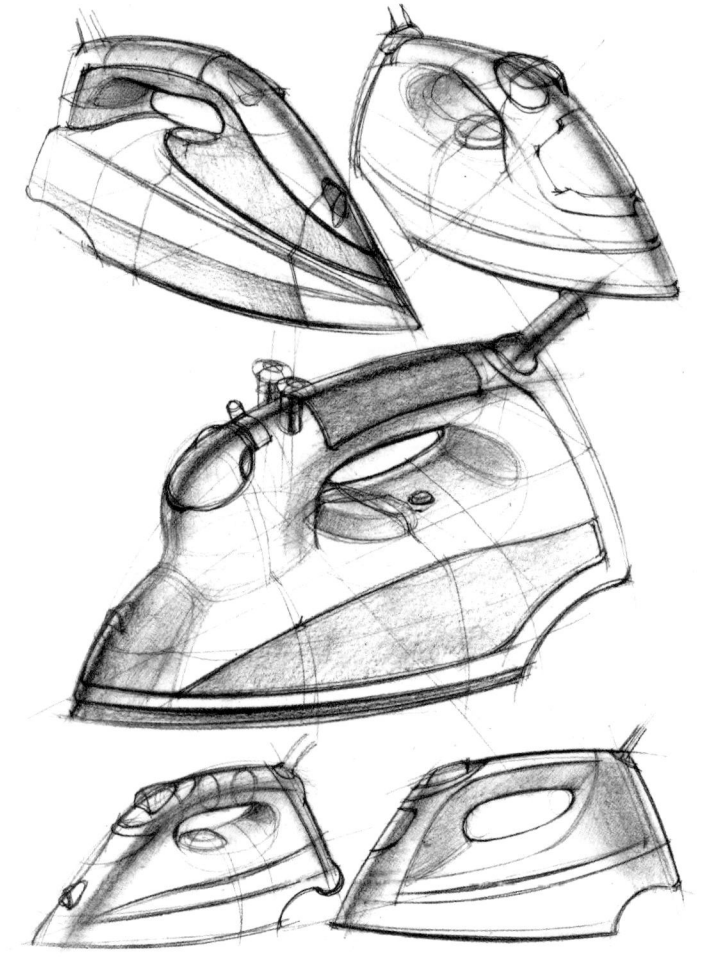

图 3.25

5. 详细绘制电熨斗的细节部位，如把手部位的凹槽、旋钮和按钮等，同时注重整体效果。尽量把画面中心的电熨斗细节刻画得充分，区分出画面中的主次关系。最后完成线稿。如图 3.26 所示。

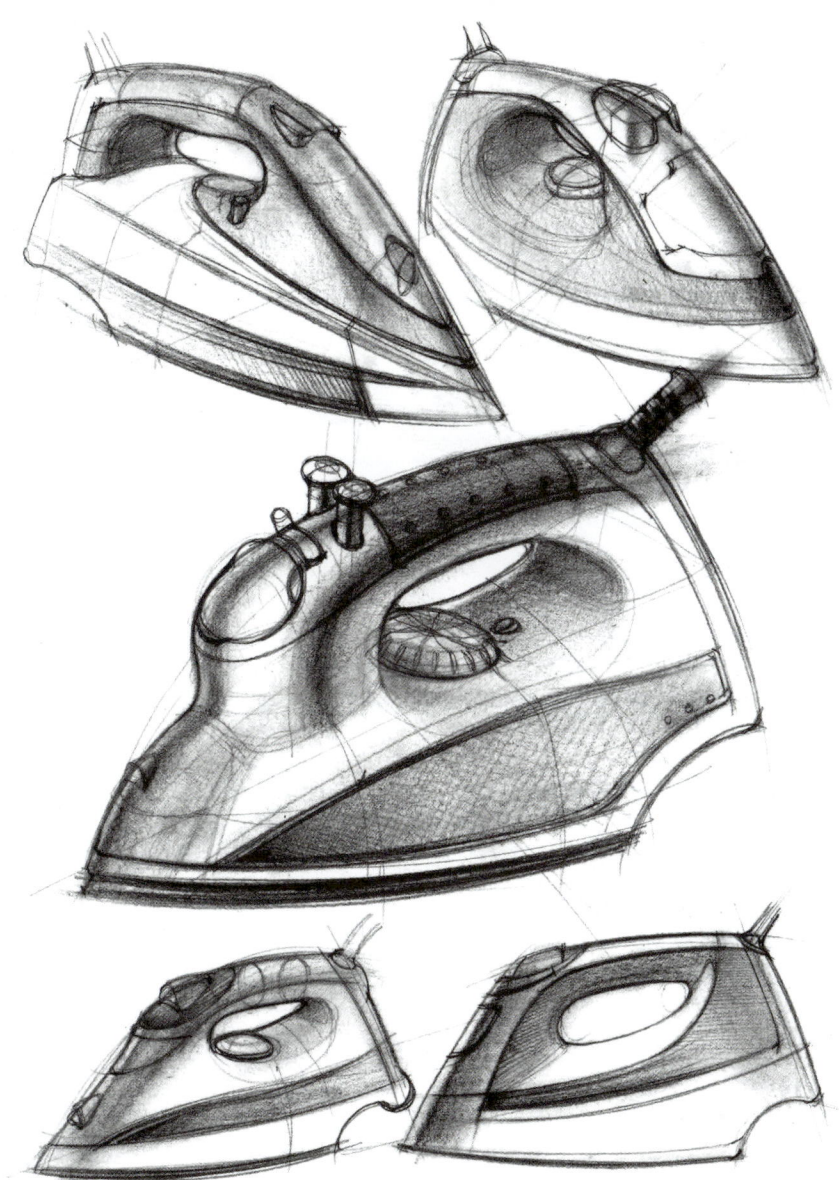

图 3.26

6. 用灰色系和绿色系等马克笔画出电熨斗的主体色彩倾向。从电熨斗的分模线暗部开始画起。如图 3.27 所示。

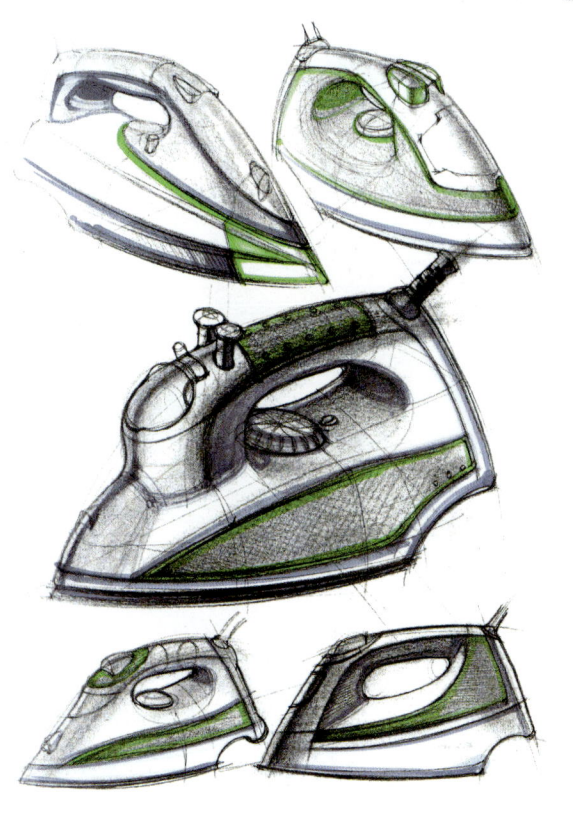

图 3.27

7. 用同色系不同色阶的马克笔进一步整体塑造电熨斗的体积感和质感。有选择地将电熨斗的暗部加重处理，增强光影的对比关系。如图 3.28 所示。

图 3.28

8. 有针对性地刻画出不同电熨斗的色相、明度和对比度，使各个电熨斗造型及色彩更加充分、丰富和富有变化。大面积给电熨斗上色时，笔触方向要一致，避免交叉。如图 3.29 所示。

图 3.29

9. 借助水溶性黑色彩铅勾画电熨斗的整体轮廓和细部结构，如强调电熨斗的暗部轮廓线、形体上的分模线和细小的局部特征，使电熨斗的整体结构和细节特征更加明确。用马克笔上色后，弱化了电熨斗的部分结构，因此在画线时，可着重处理。如图3.30所示。

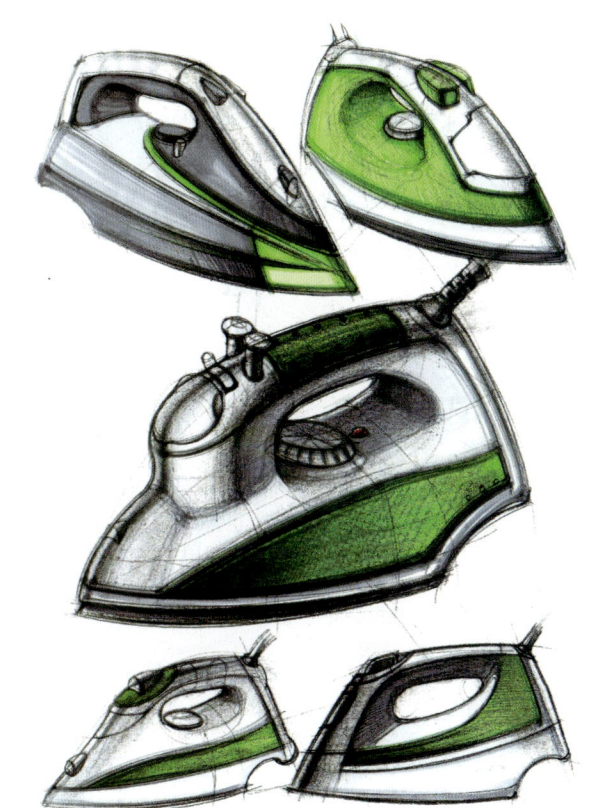

图 3.30

10. 用水溶性白色彩铅和白色水粉颜料提高光，使电熨斗形体从整体到细节的明暗层次更加清晰。画电熨斗高光时，避免平均，高光线要细，这样才能表现精致的受光细节。最后完成上色。如图3.31所示。

图 3.31

3.4 订书器

1. 起稿,分析并画出订书器的参照线和辅助线,强调主次。如图 3.32 所示。

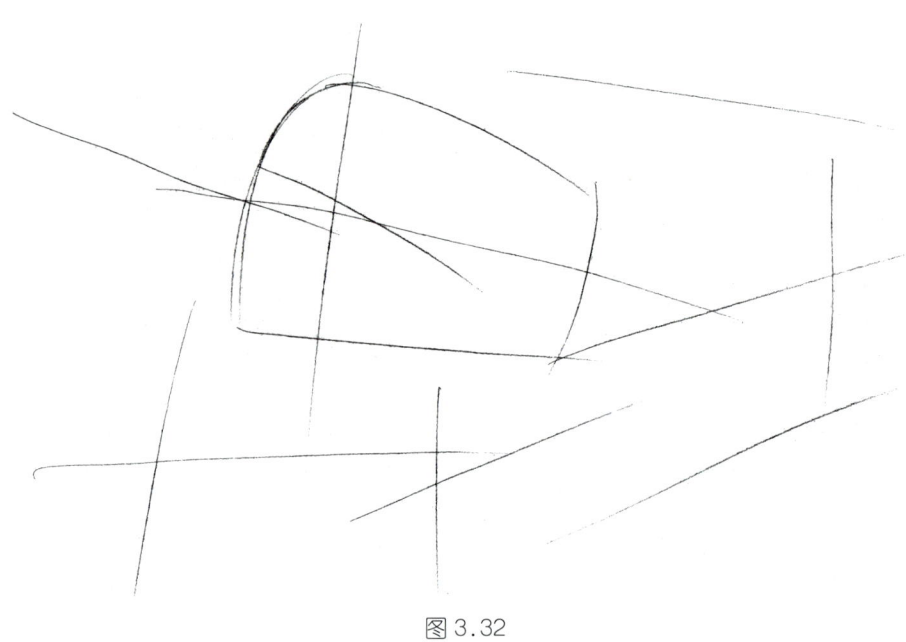

图 3.32

2. 画出订书器造型的大体轮廓线和必要的断面线,保持画面中的主次关系。如图 3.33 所示。

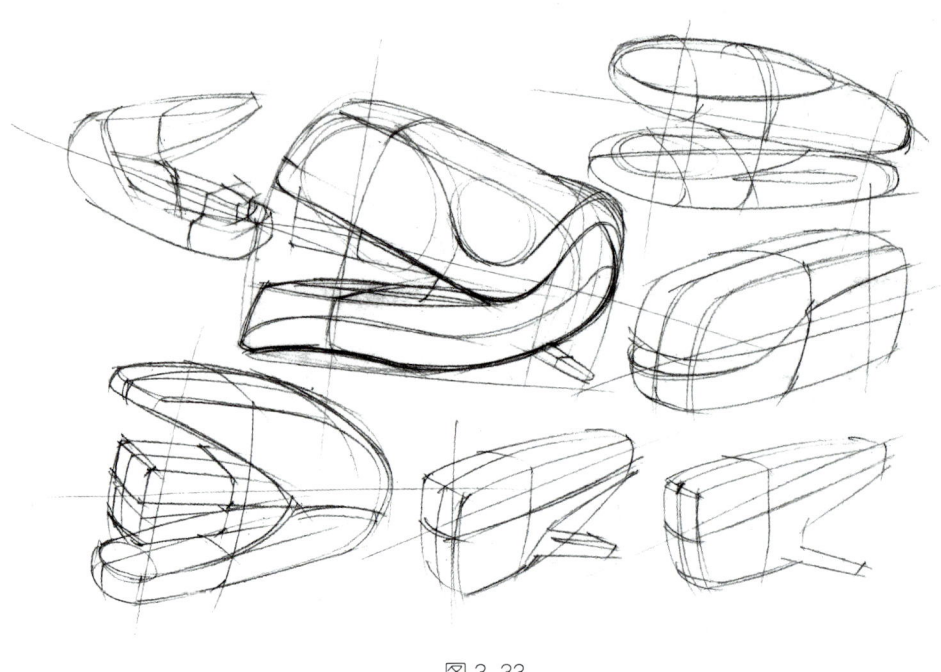

图 3.33

3. 明确画出订书器形体的具体轮廓线和断面线，刻画出局部特征。各个订书器造型充满变化，每个位置的断面线造型都不同，应注意区分。如图 3.34 所示。

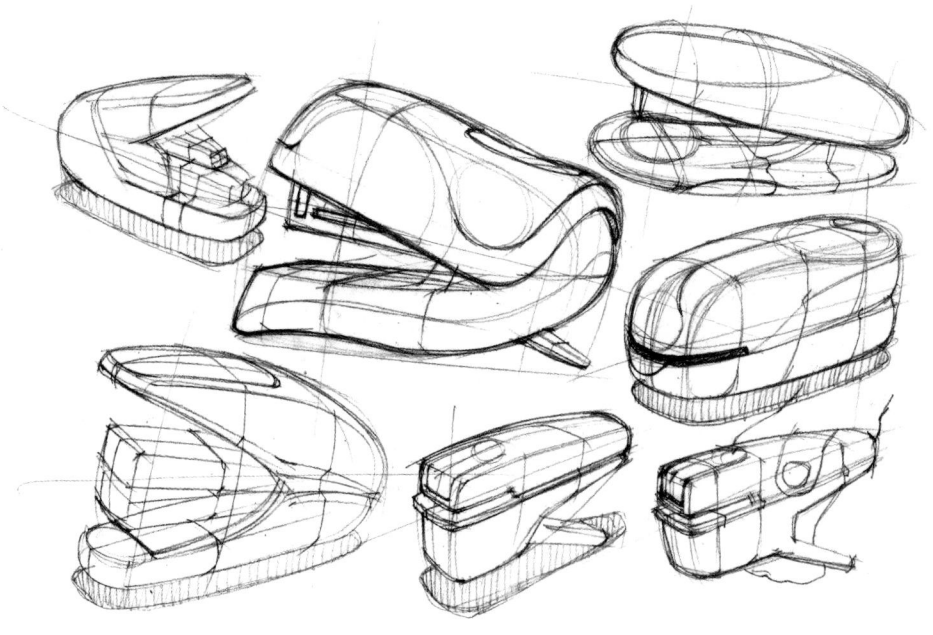

图 3.34

4. 整体塑造订书器的形体转折和体积感，明确各个订书器体面上的分模线。上明暗调子后，会弱化造型结构，因此在这一步需要加重各个订书器的结构线。如图 3.35 所示。

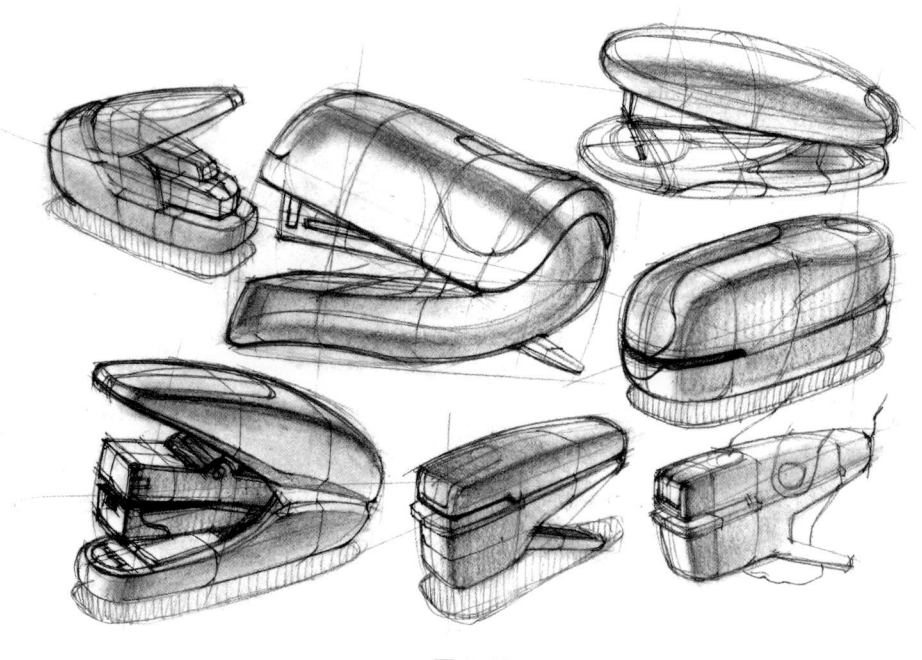

图 3.35

5. 详细绘制订书器的细节部位，如订书器底部的凹槽、装订的金属部件等，注重整体效果。由于订书器形体存在不同色块，上明暗调子时，可适当加以区分。最后完成线稿。如图 3.36 所示。

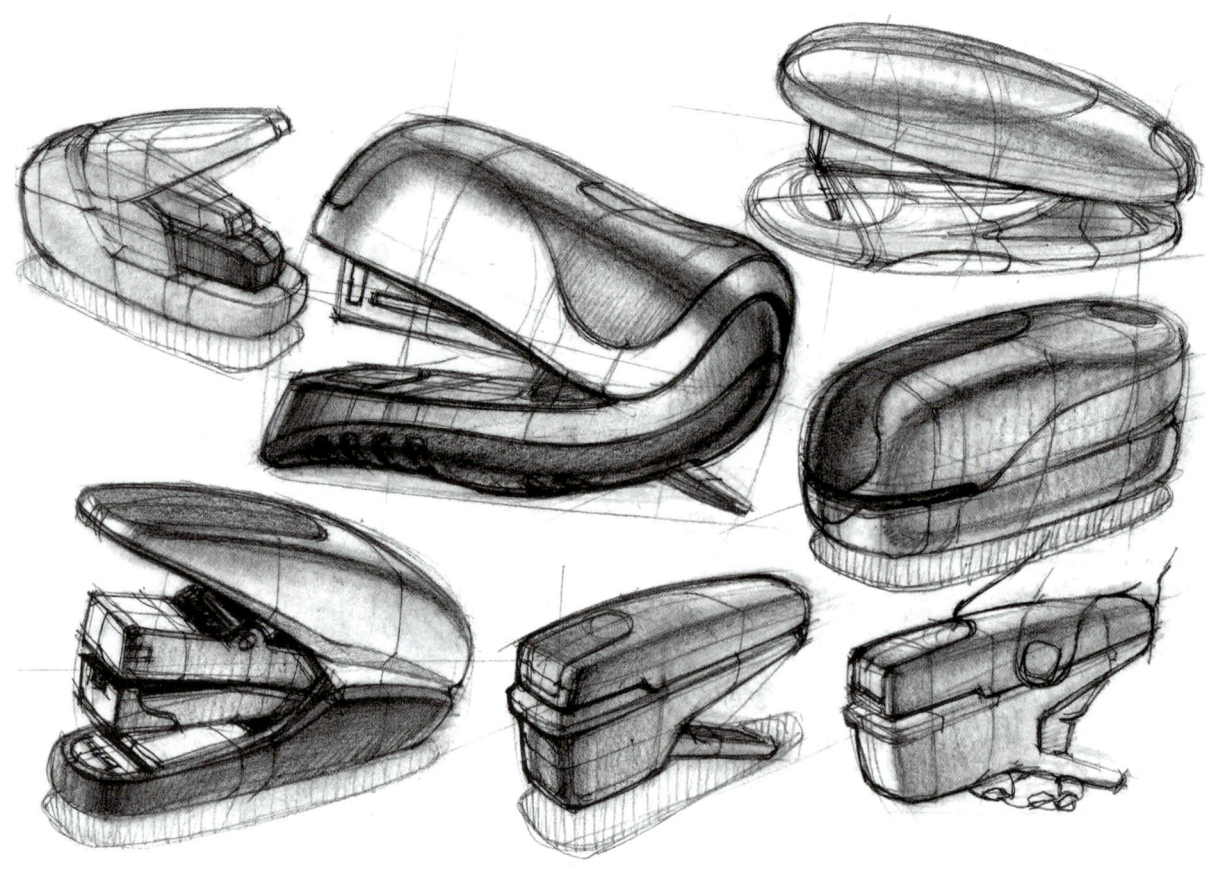

图 3.36

6. 用灰色系和粉色系等马克笔画出订书器的主体色彩倾向。上色要顺着订书器形体结构的转折处，因为转折处是颜色最深的位置。如图 3.37 所示。

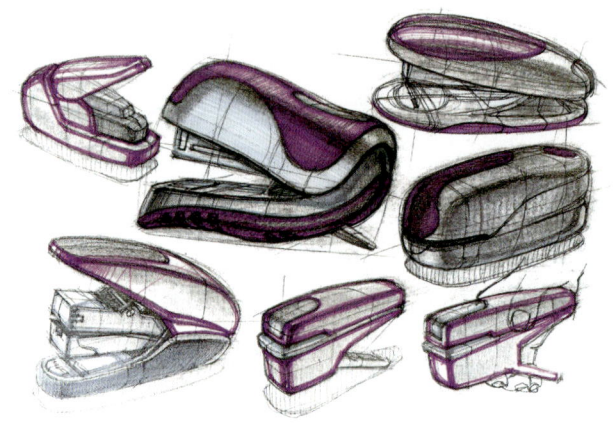

图 3.37

7. 用同色系不同色阶的马克笔进一步整体塑造订书器的体积感和质感。在区分主次的前提下，要注意对各个订书器的反光处理。如图 3.38 所示。

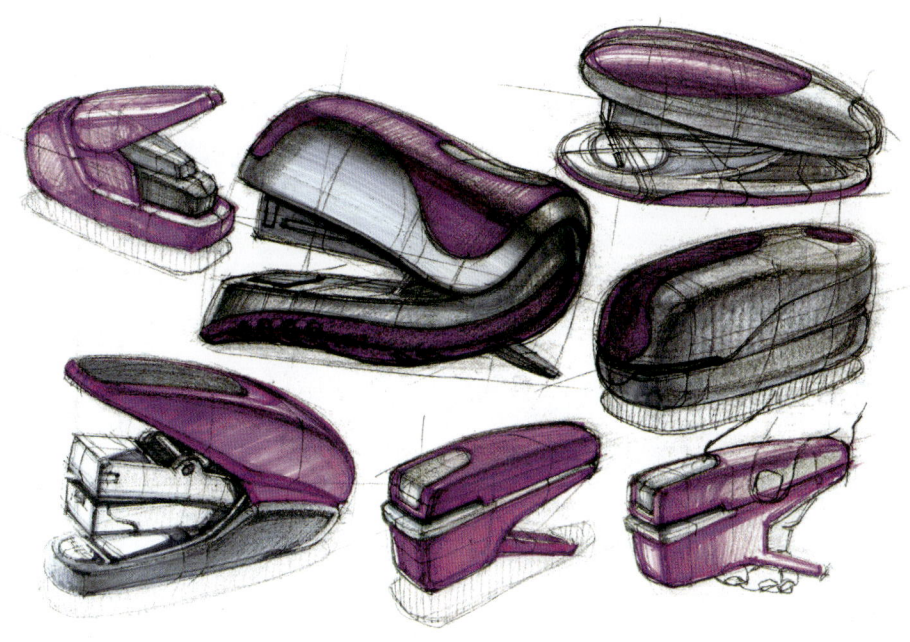

图 3.38

8. 有针对性地刻画出不同订书器的色相、明度和对比度，使各个订书器造型及色彩更加充分，进一步加重各个订书器的暗部，强化体积感。如图 3.39 所示。

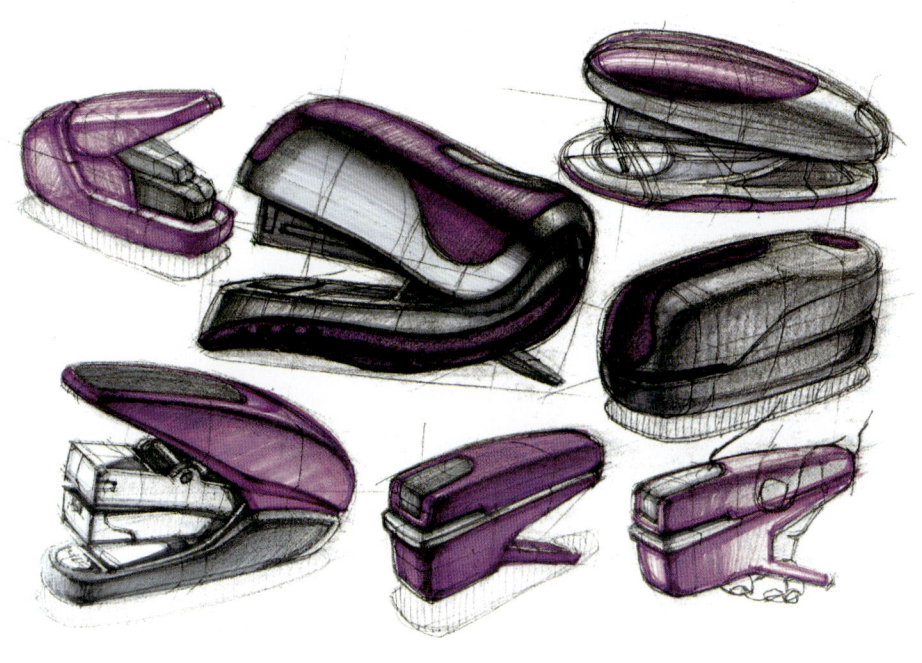

图 3.39

9. 借助水溶性黑色彩铅勾画订书器的整体轮廓和细部结构，如强调订书器的暗部轮廓线、形体上的分模线和细小的局部特征，使订书器的整体结构和细节特征更加明确。在用水溶性黑色彩铅进一步刻画后，各个订书器的结构会更加清晰。如图3.40所示。

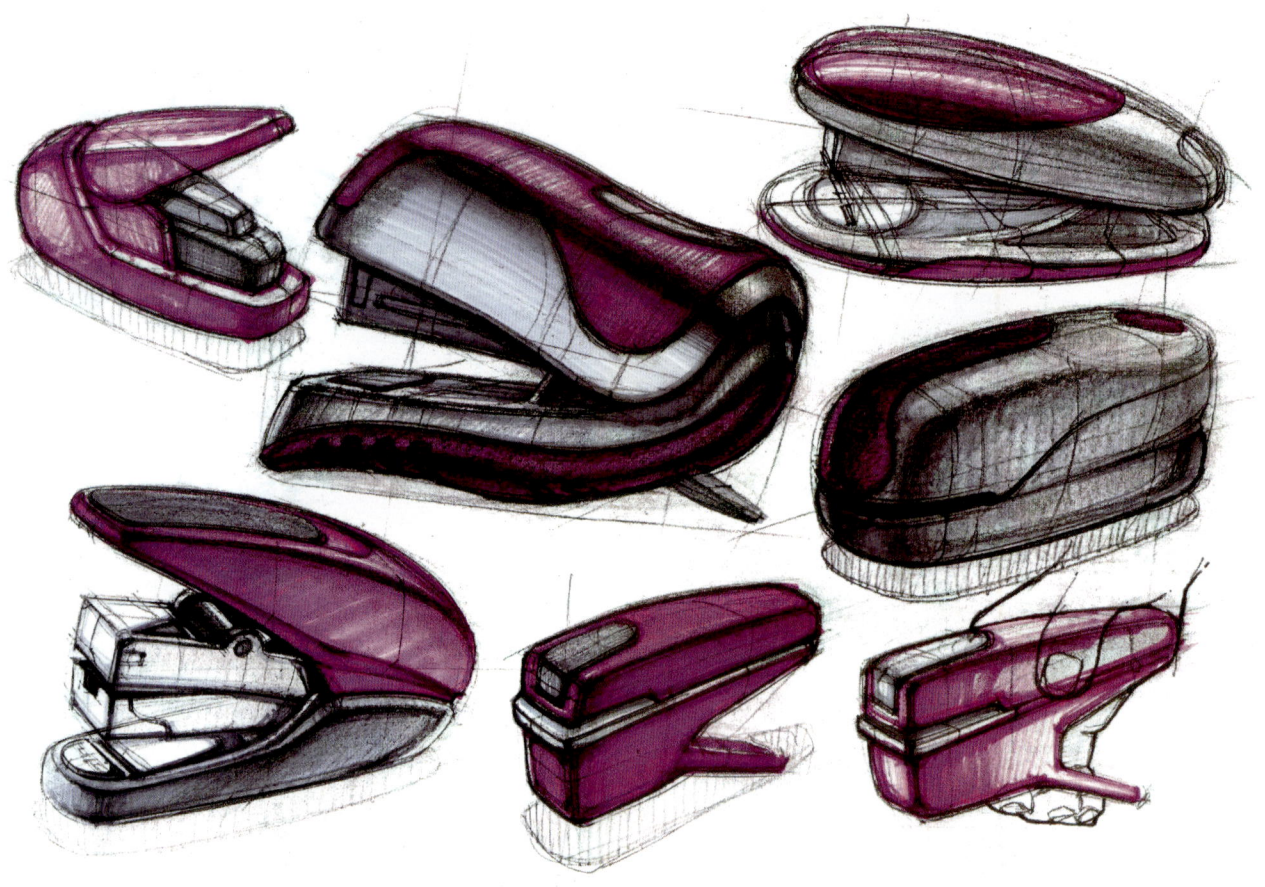

图3.40

10. 用水溶性白色彩铅和白色水粉颜料提高光，使订书器形体从整体到细节的明暗层次更加清晰。刻画高光时，要注意高光线中间粗、两端细，转折处要提高光点。最后完成上色。如图 3.41 所示。

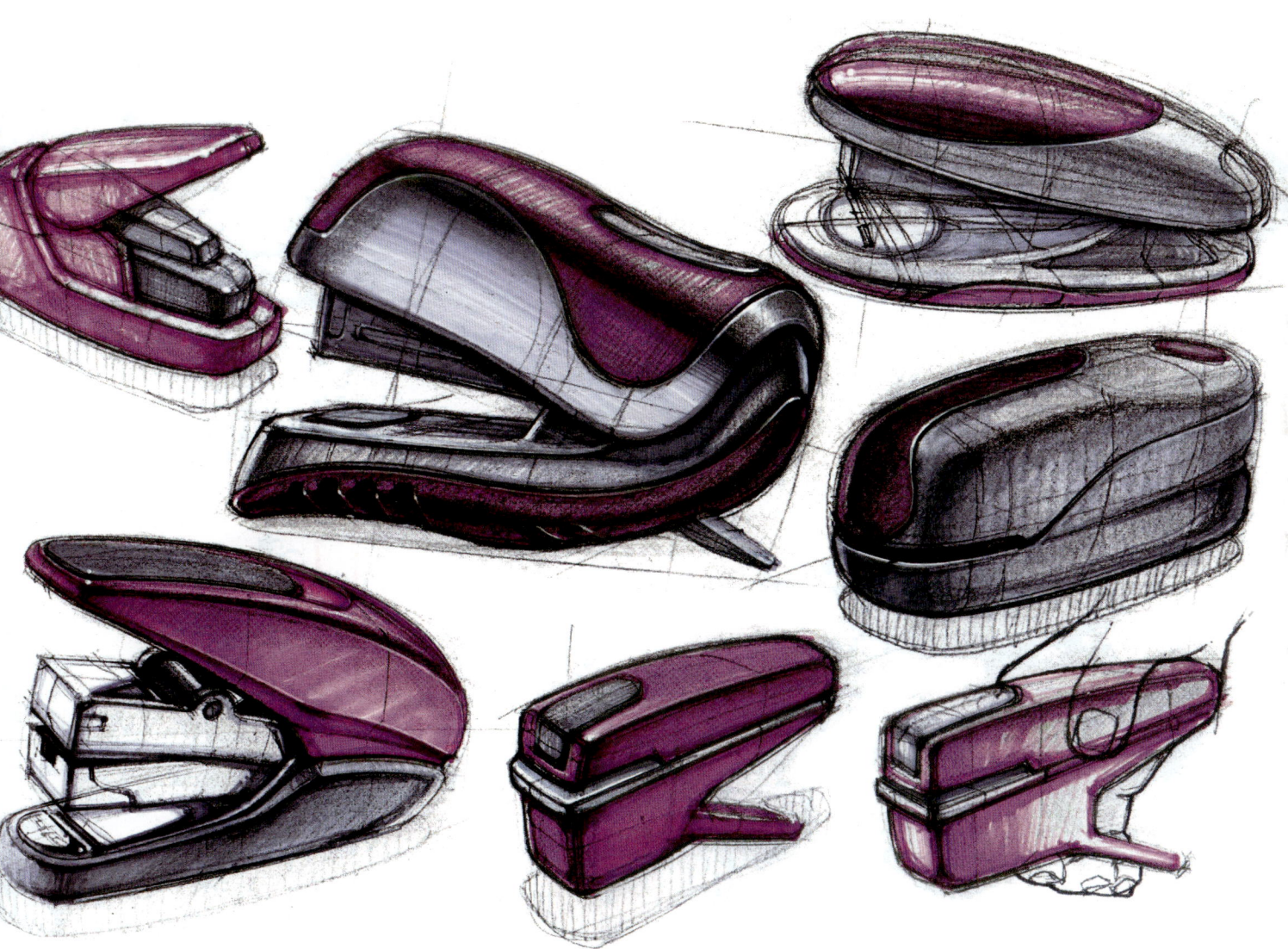

图 3.41

单元训练和作业

课题内容

练习绘制小型家用产品手绘图。

课题时间

理论讲解 /4 课时；绘制一幅 A3 尺寸的作品 /8 课时。

教学方式

教师通过多媒体展示本章内容，结合电子教案全面讲解小型家用产品手绘图的绘制步骤与方法。除了讲述绘制步骤与方法，介绍为什么选择电吹风、电热水壶、电熨斗、订书器等小型家用产品的手绘图作为手绘范例。通过本章学习，学生可以掌握曲面类产品手绘图的表现方法。教师结合技法理论现场演示教材案例的绘画过程，边演示边强调绘制小型家用产品手绘图的技法要领。最后，教师引导学生进行手绘练习，对学生进行辅导，并有选择地点评学生在课堂内完成的练习作业。

要点提示

表现曲面复杂的小型家用产品有一定难度，尤其是表现曲面转折和过渡效果。教师在演示时需要重点讲述这类曲面的画法和技巧。

教学要求

（1）学生课前准备教材内规定的手绘工具，以及两本或两本以上关于工业产品设计的图书。

（2）教师准备可播放电子文档的多媒体教学设备。

（3）学生在本章课程学习结束前，用 8 课时完成一幅 A3 尺寸的手绘作业，作业内容是临摹教材或课前准备图书中的手绘图。

训练目的

从作业中学习小型家用产品手绘图的绘制步骤与方法，探寻曲面类产品的手绘技巧。

第 4 章 中型家用产品设计手绘表现技法范例解析

训练要求和目标

要求：了解并掌握中型家用产品手绘图的绘制步骤与方法。

目标：力争对此类产品形成模式化的手绘方法。

学习要点

- 学习表达三维形态的技巧。
- 遵循"先浅后深、先暗部后亮部"的上色原则。
- 曲面过渡要注意颜色的渐变处理。
- 画面内的各个产品的受光与背光尽量统一，形成统一的视觉整体。

本章引言

中型家用产品一般包括电视机、电冰箱、热水器、空调、吸尘器及切割工具等，是设计研究对象之一。随着经济的发展及人们生活水平的提高，中型家用产品的功能和造型不断变化和翻新，这使中型家用产品成为居家生活必备的工具。限于篇幅，本章选择了两款造型具有代表性的吸尘器和一款电锯作为案例进行讲解。由于吸尘器的造型简洁、时尚，曲面构成复杂，在与本书同类的手绘书籍中经常被作为学习和研究的对象。本章通过介绍这3款中型家用产品的手绘步骤，讲解线稿与上色的步骤、方法。

中型家用产品的手绘步骤与前面章节讲述的产品手绘步骤基本相同，但也要注意这类产品手绘图绘制的特殊性。电钻手绘图如图4.1所示。

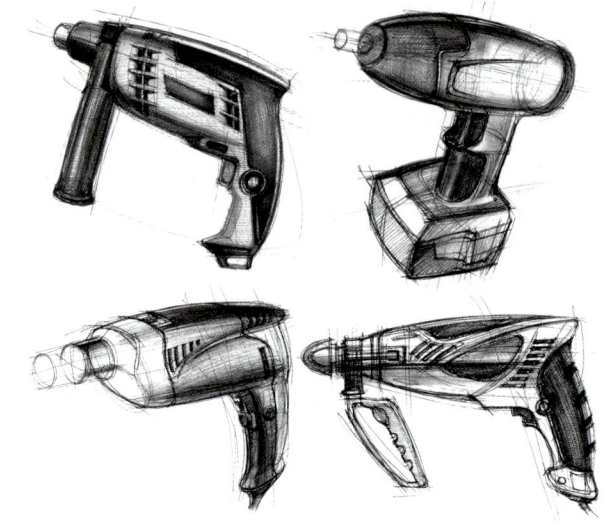

图 4.1　电钻手绘图　　李和森　绘

从这幅手绘图不难看出手绘图并不拘泥于形式，草率的或详细的都可以把设计创意表达清楚，它与素描、结构素描基础能力息息相关，产品形态结构的表现离不开这些基本功。

4.1 吸尘器一

1. 起稿，分析画面布局，淡淡地画出吸尘器的参照线和辅助线。如图 4.2 所示。

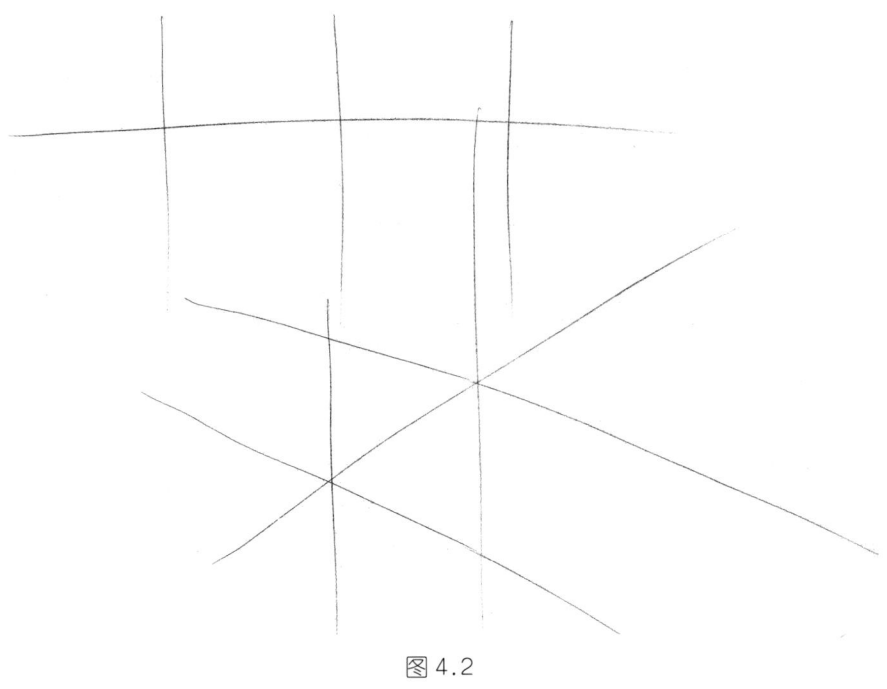

图 4.2

2. 画出吸尘器造型的大体轮廓线和必要的断面线。吸尘器造型的长线要干净、快速，短线要肯定、有力。如图 4.3 所示。

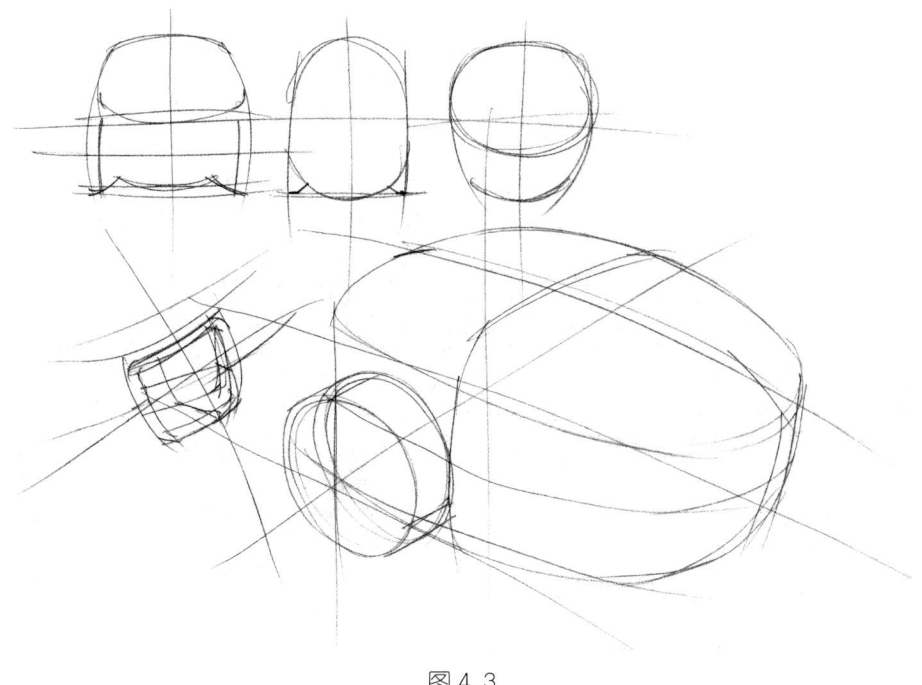

图 4.3

3. 明确画出吸尘器形体的具体轮廓线和断面线，刻画出局部特征。吸尘器顶部的细节轮廓可借助圆弧线来刻画。如图 4.4 所示。

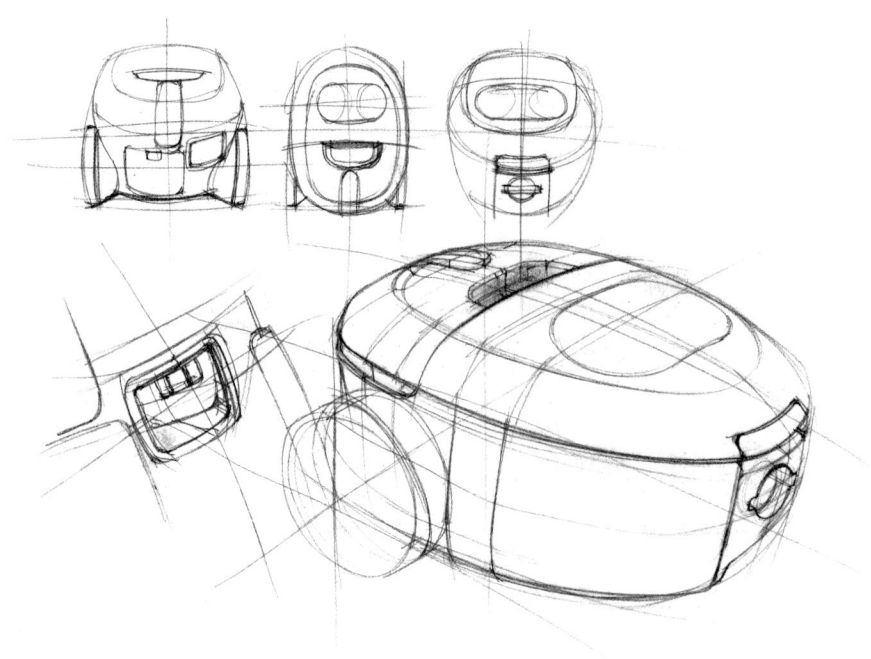

图 4.4

4. 整体塑造吸尘器的形体转折和体积感，明确各个吸尘器体面上的分模线。为吸尘器顶部半透明材质面上明暗调子，使画面形成线面对比。如图 4.5 所示。

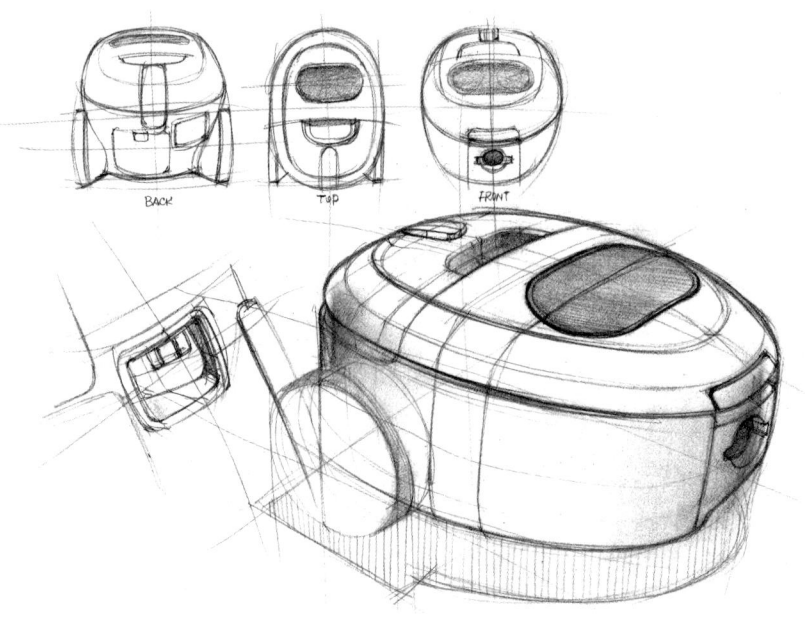

图 4.5

5. 详细绘制吸尘器的细节部位，如滚轮、插头和清洁管插孔等，注意画面内主次产品的处理。最后完成线稿。如图4.6所示。

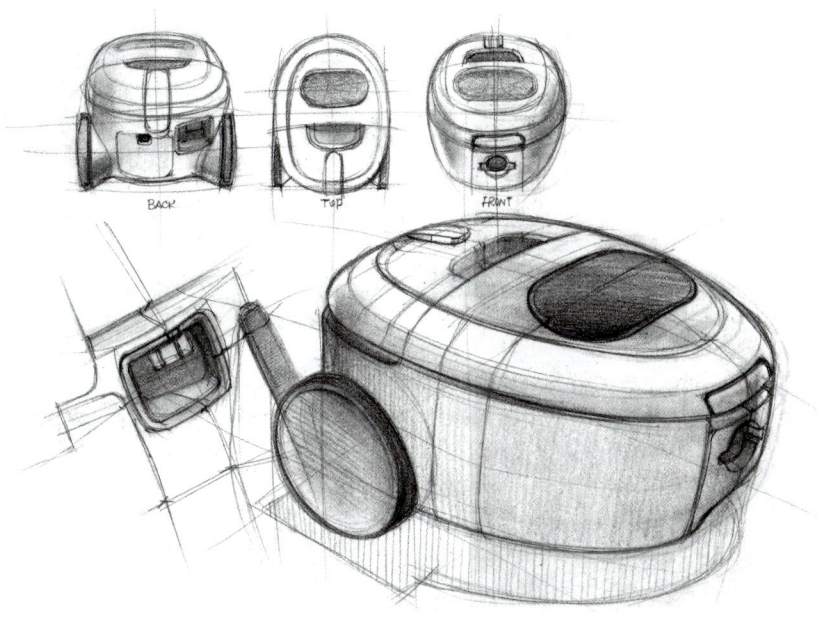

图 4.6

6. 用灰色系和黄色系等马克笔画出吸尘器的主体色彩倾向。围绕吸尘器分模线用马克笔上色。如图4.7所示。

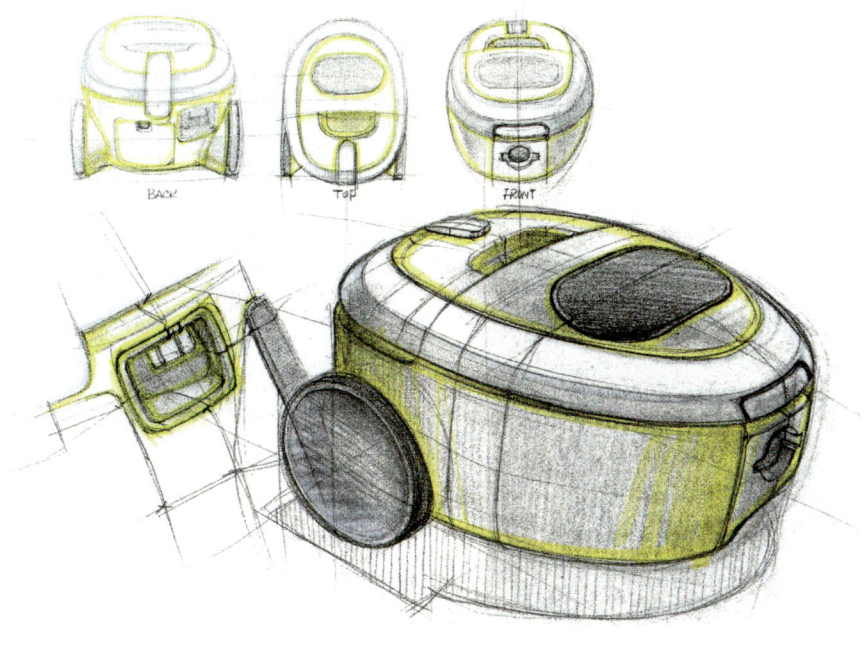

图 4.7

7. 用同色系不同色阶的马克笔进一步整体塑造吸尘器的体积感和质感。为表现吸尘器顶部的半透明材质的清脆效果，增强该处的对比度。如图 4.8 所示。

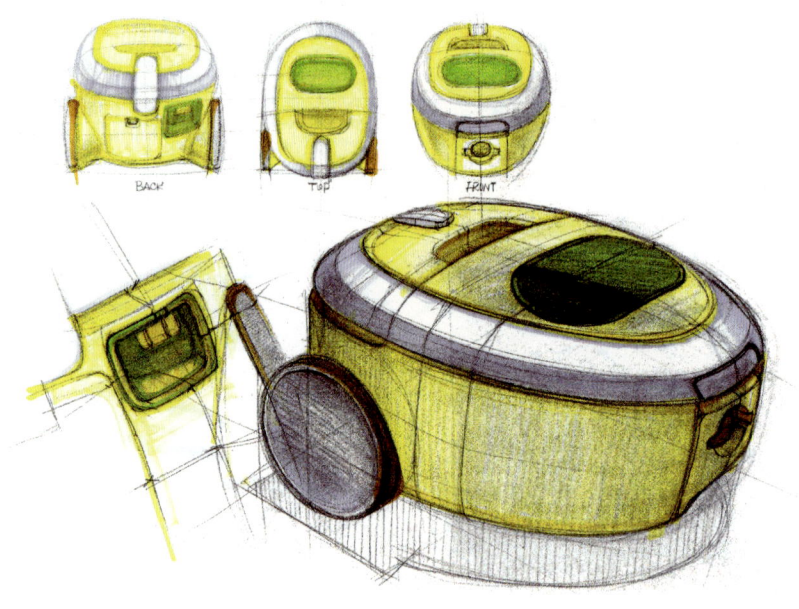

图 4.8

8. 有针对性地刻画出吸尘器不同的色相、明度和对比度，使吸尘器造型及色彩更加丰富。吸尘器插座细节图的周围可以省略不画。如图 4.9 所示。

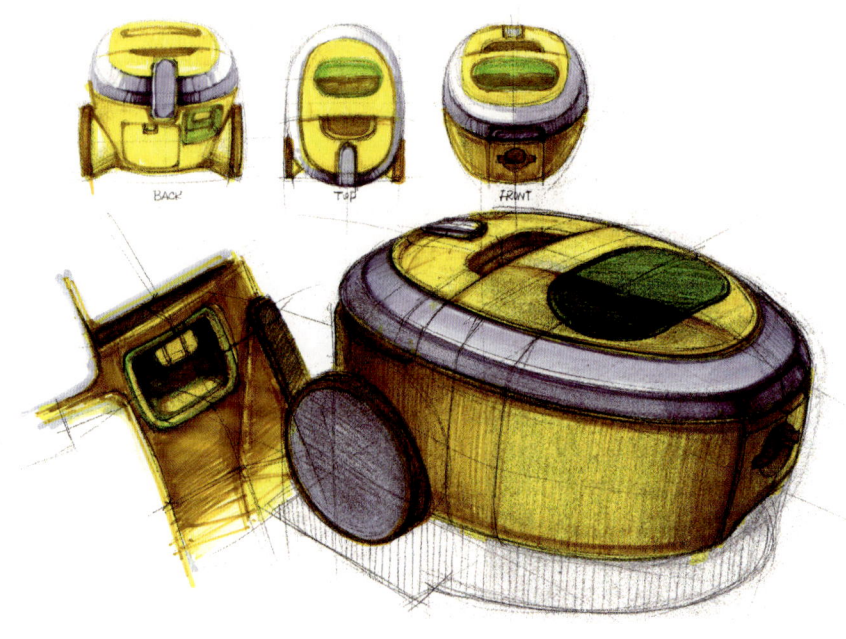

图 4.9

9. 借助水溶性黑色彩铅勾画吸尘器的整体轮廓和细部结构,如强调吸尘器的暗部轮廓线、形体上的分模线和细小的局部特征,使吸尘器的整体结构和细节特征更加明确。如图 4.10 所示。

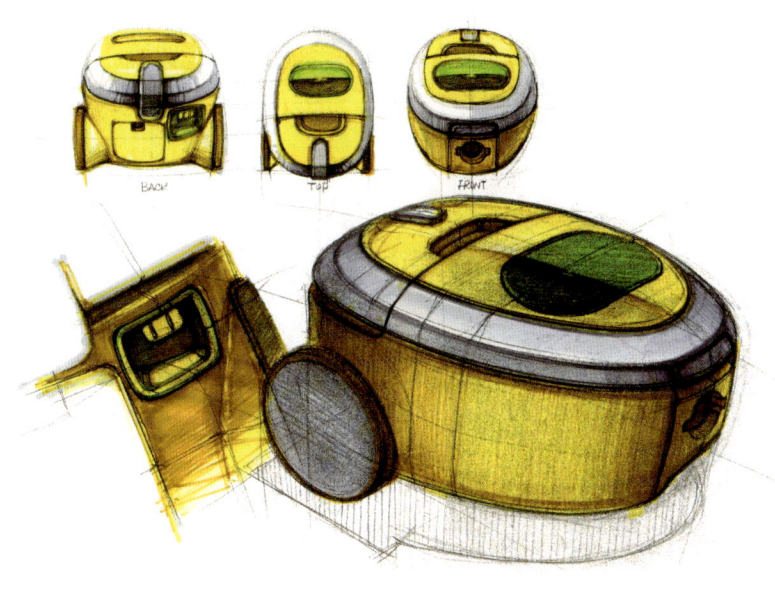

图 4.10

10. 用水溶性白色彩铅和白色水粉颜料提高光,使吸尘器形体从整体到细节的明暗层次更加清晰。最强的高光可集中在吸尘器顶部的半透明材质部位。最后完成上色。如图 4.11 所示。

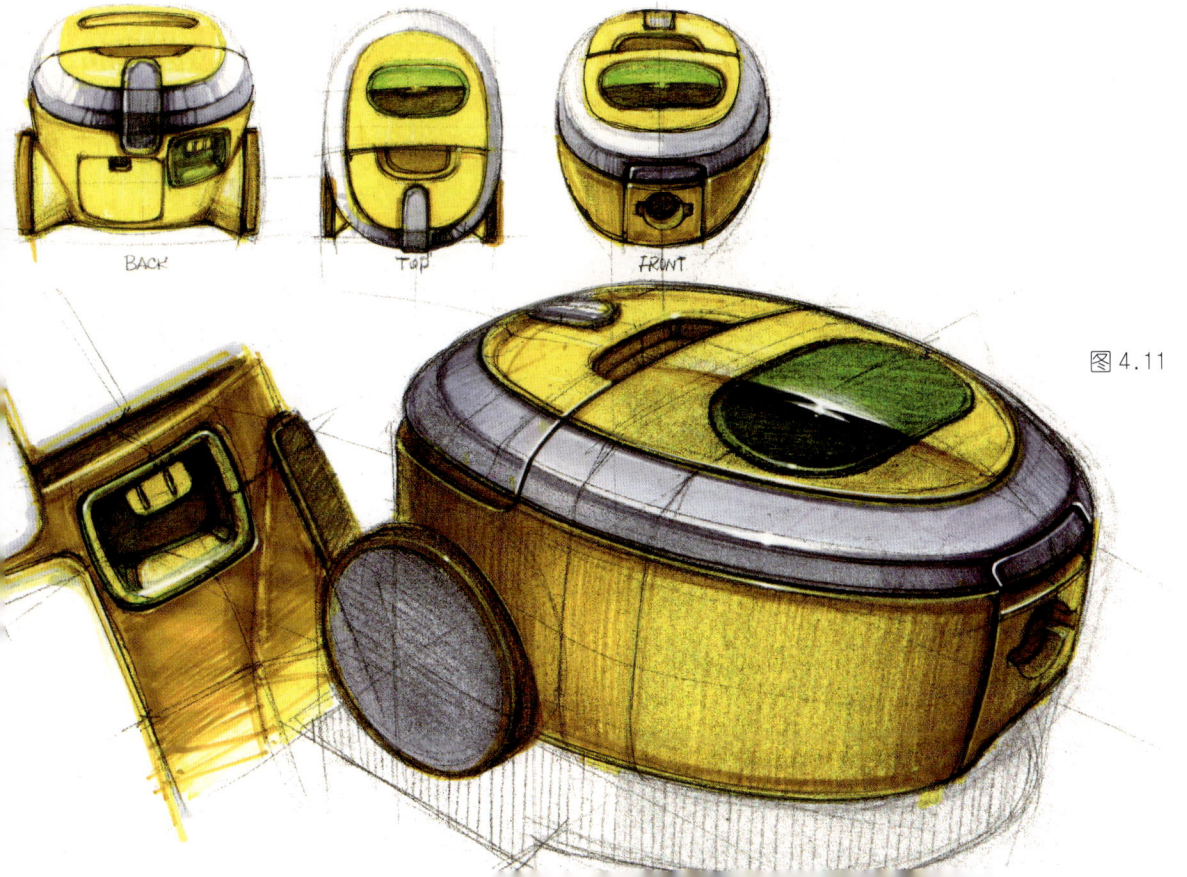

图 4.11

4.2 吸尘器二

1. 起稿，分析画面布局后，画出吸尘器的参照线和辅助线。如图 4.12 所示。

图 4.12

2. 画出吸尘器造型的大体轮廓线和必要的断面线。简练地画出能表现吸尘器造型的关键性线条。如图 4.13 所示。

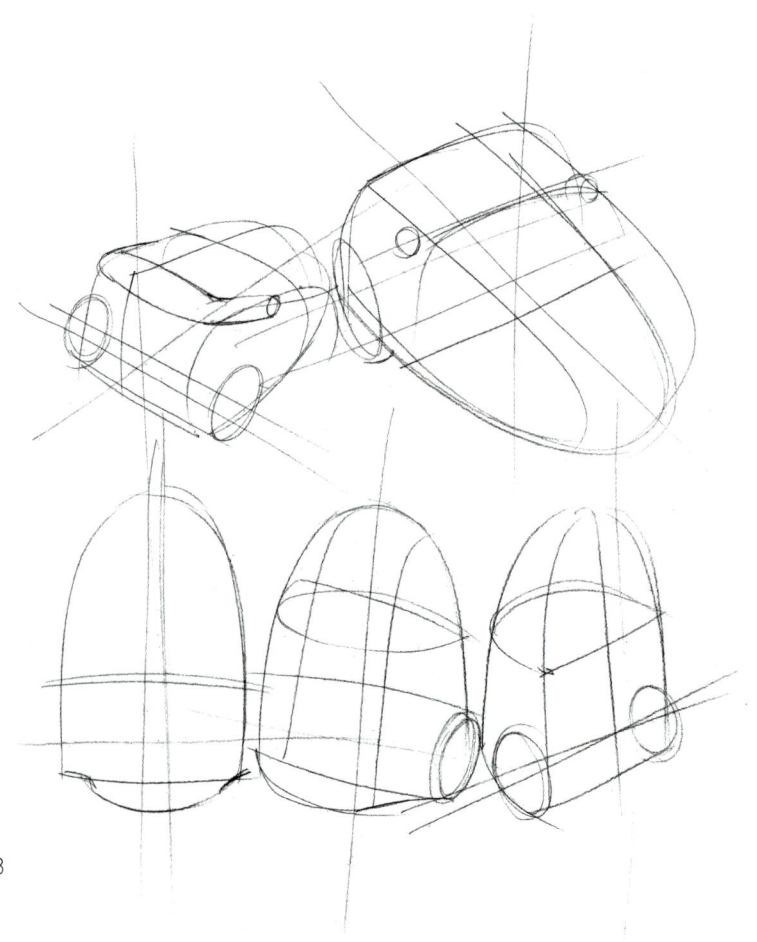

图 4.13

3. 明确画出吸尘器形体的具体轮廓线和断面线，刻画出局部特征。绘制时注意这款吸尘器的特点。如图 4.14 所示。

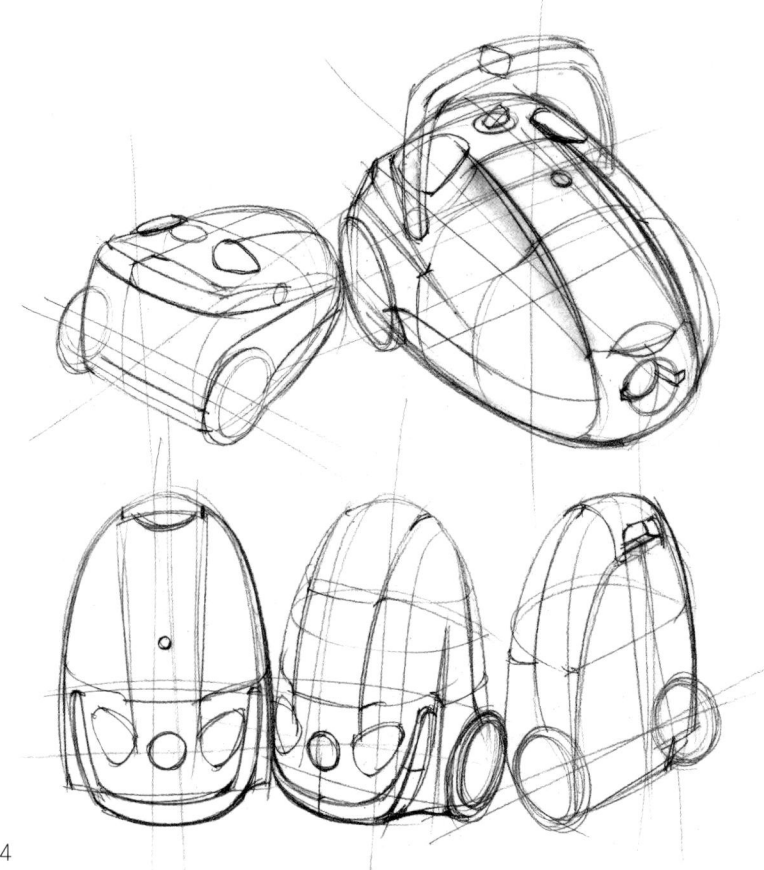

图 4.14

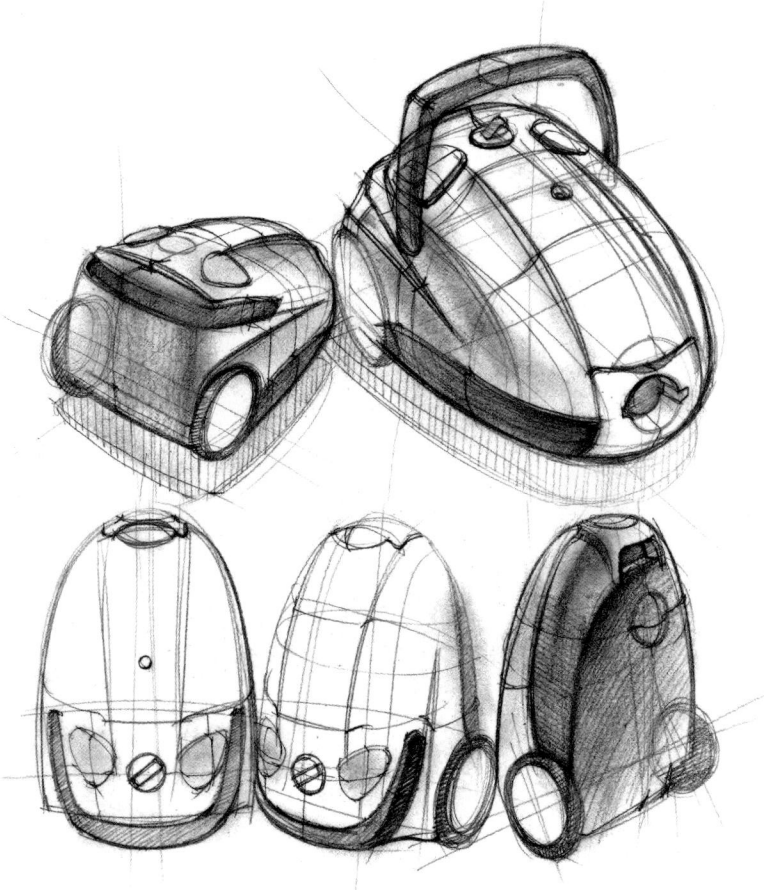

4. 整体塑造吸尘器的形体转折和体积感，明确各个吸尘器体面上的分模线。由于这款吸尘器的背部细节过于复杂，可考虑将其省略。如图 4.15 所示。

图 4.15

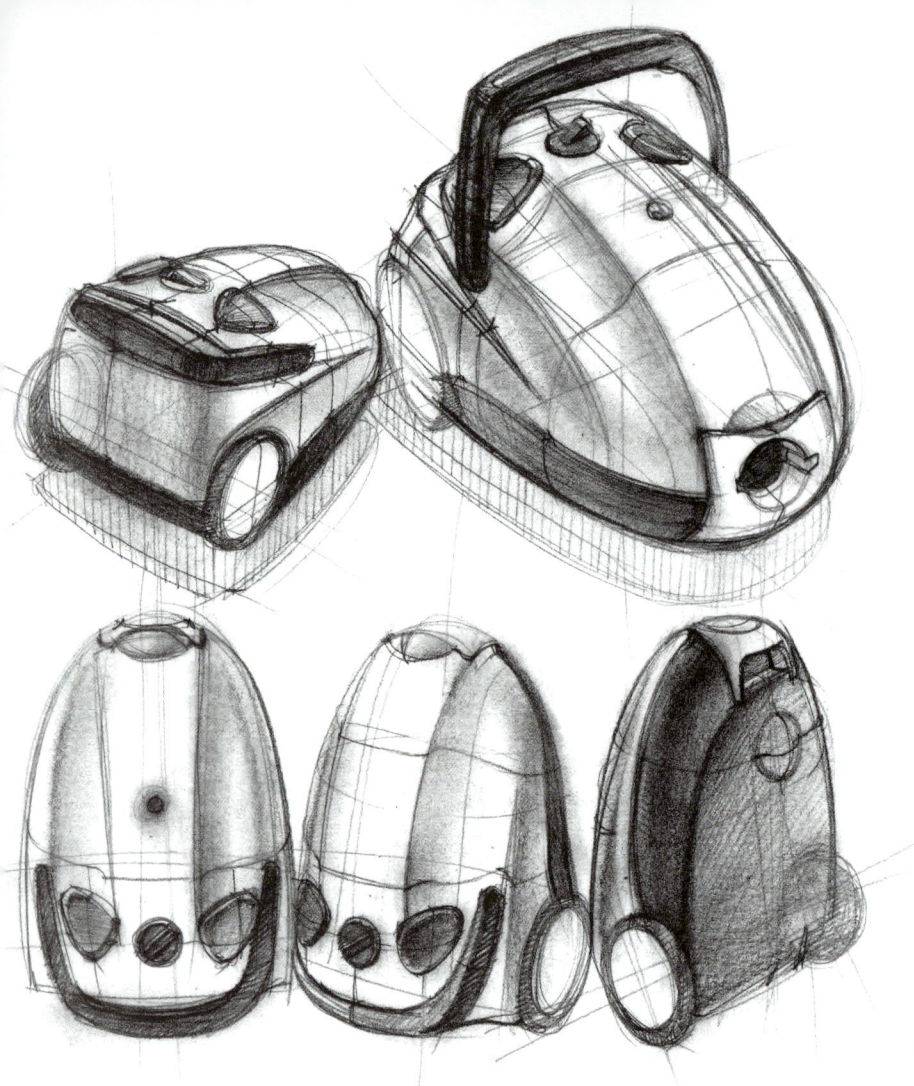

5. 详细绘制吸尘器的细节部位，如把手、按钮和旋钮等，注重整体效果。加重处理吸尘器的按钮，从明暗上区分部件之间的差异。最后完成线稿。如图4.16所示。

图 4.16

6. 用灰色系和黄色系等马克笔画出吸尘器的主体色彩倾向。用纯红色马克笔简单画出吸尘器的两个大按钮。如图 4.17 所示。

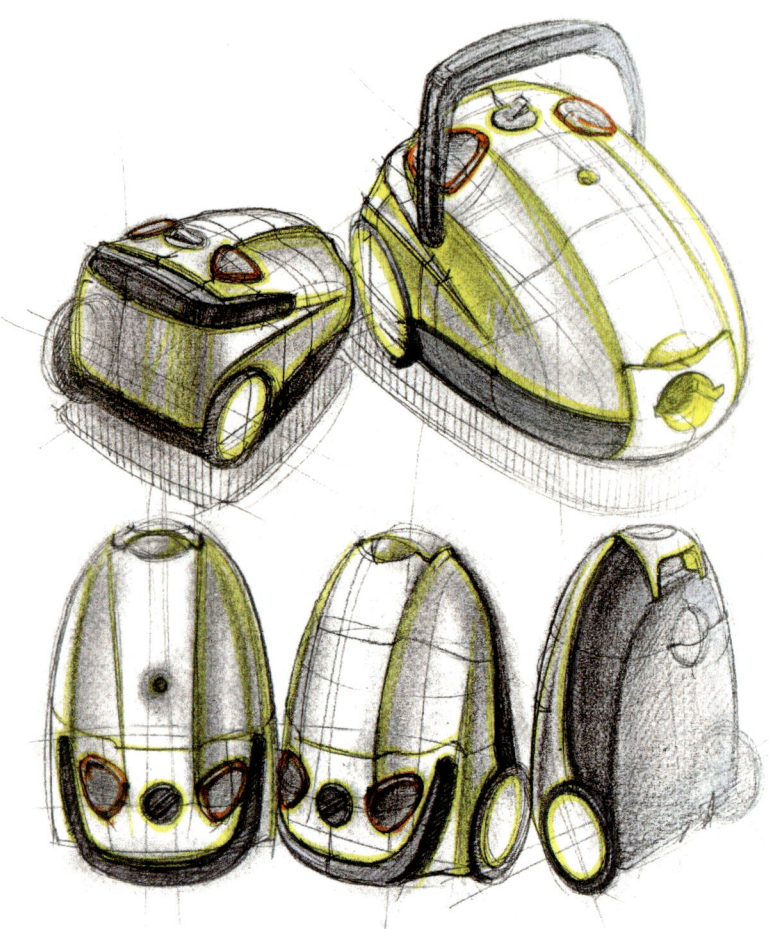

图 4.17

7. 用同色系不同色阶的马克笔进一步整体塑造吸尘器的体积感和质感。用马克笔上色时，笔触尽量减少来回重复，否则会在吸尘器外壳曲面上留下痕迹，影响视觉效果。如图 4.18 所示。

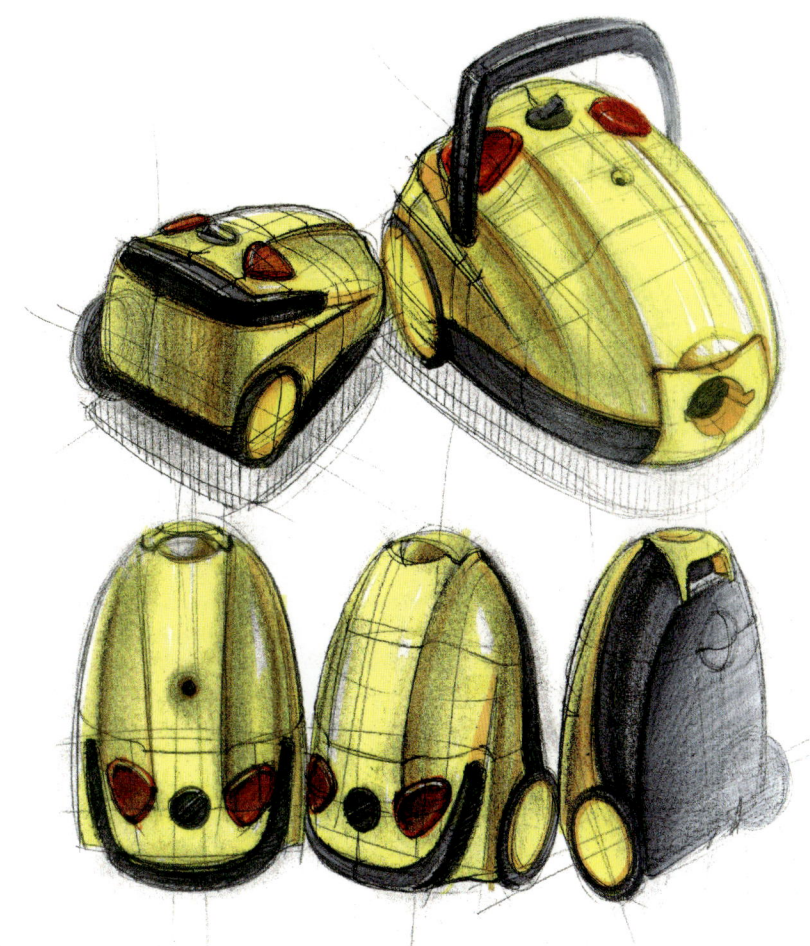

图 4.18

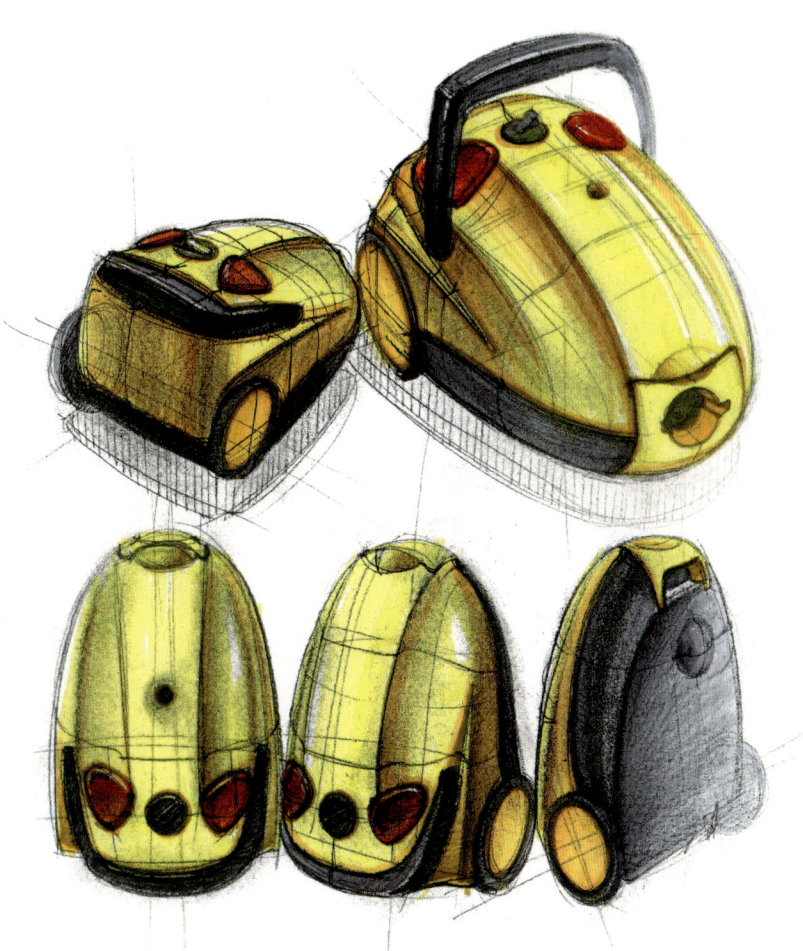

8. 有针对性地进一步加重背光处的颜色，增强吸尘器的体积感和明暗层次。如图 4.19 所示。

图 4.19

9. 借助水溶性黑色彩铅勾画吸尘器的整体轮廓和细部结构，如强调吸尘器的暗部轮廓线、形体上的分模线和细小的局部特征，使吸尘器的整体结构和细节特征更加明确。暗部的结构线可以画得重一些，遵循光影统一的视觉效果。如图 4.20 所示。

图 4.20

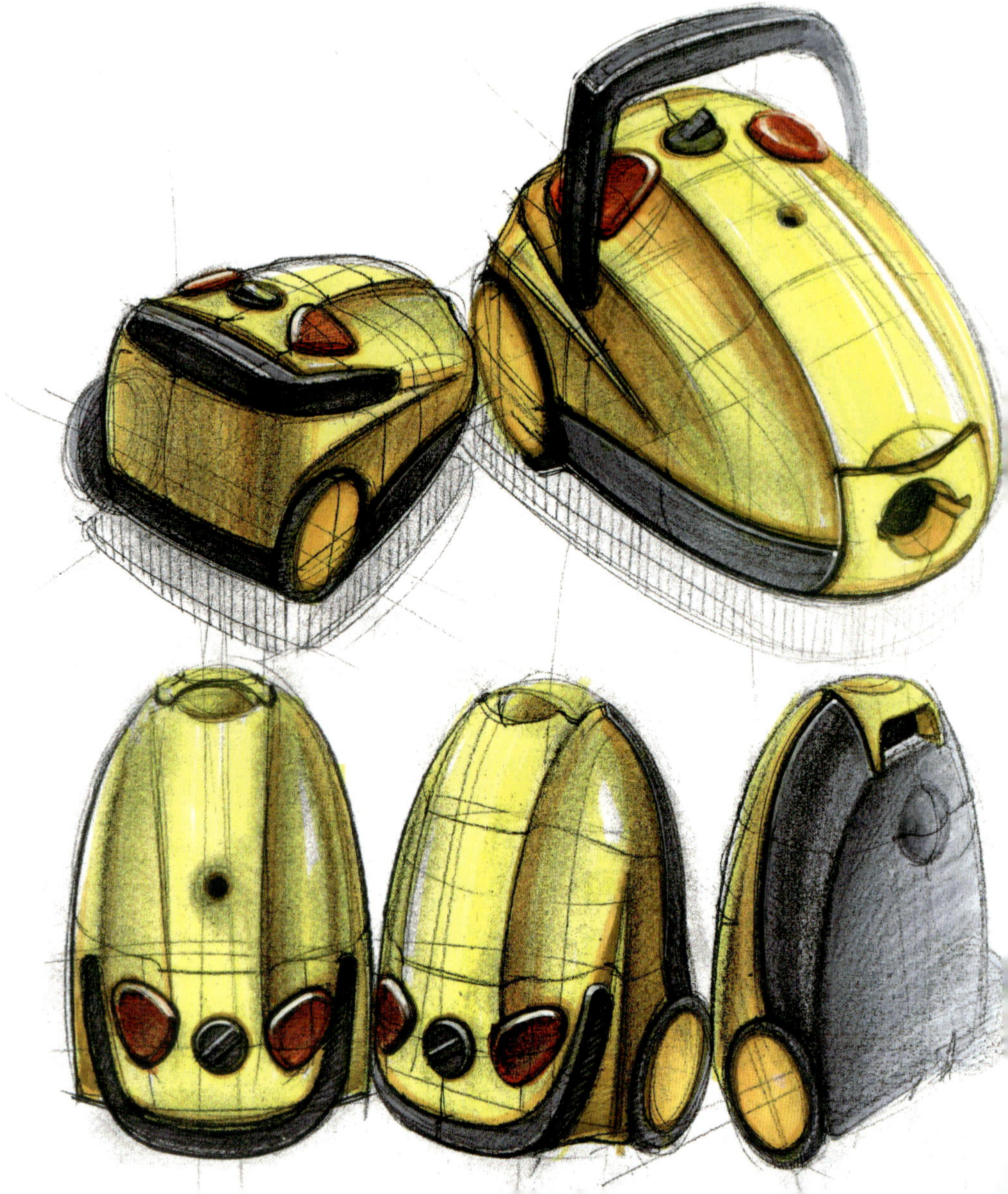

10. 用水溶性白色彩铅和白色水粉颜料提高光，使吸尘器形体从整体到细节的明暗层次更加清晰。由于吸尘器的受光处较多，为简化高光的处理，可有选择地刻画高光。最后完成上色。如图 4.21 所示。

图 4.21

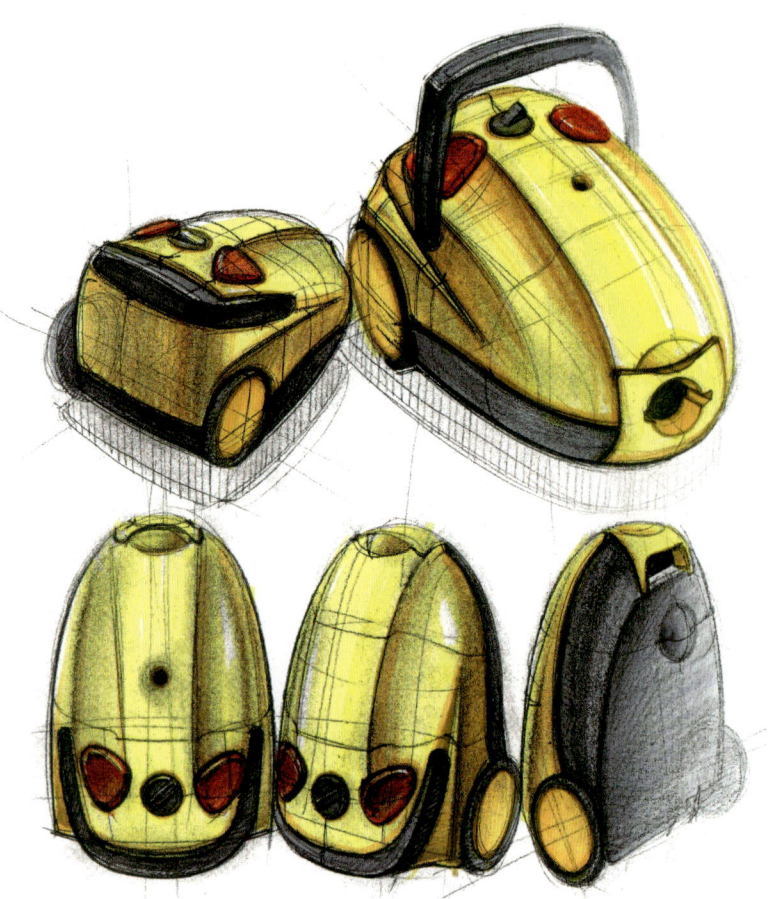

4.3 电锯

1. 起稿，确定画面布局后，分别画出电锯的参照线和辅助线。如图 4.22 所示。

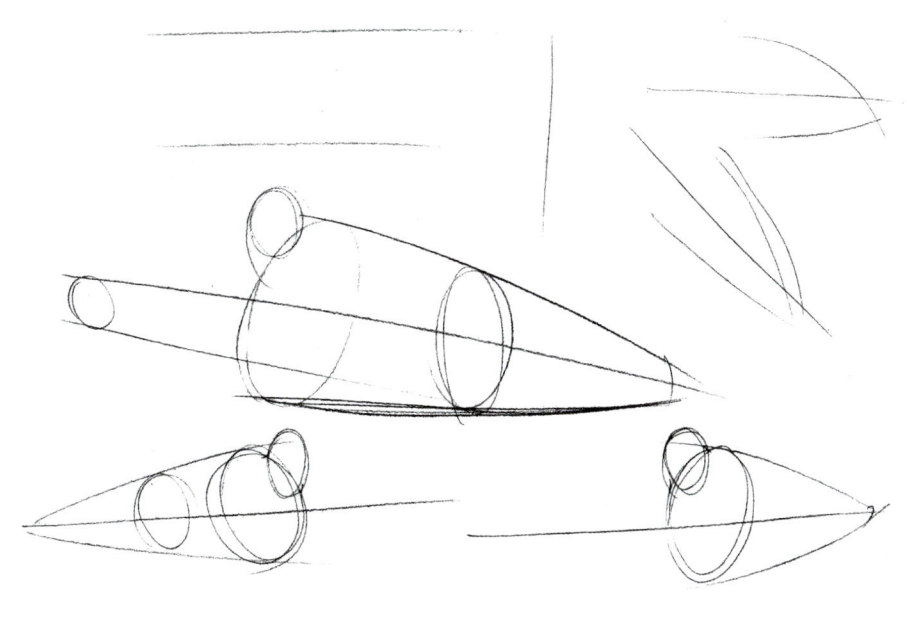

图 4.22

2. 继续画电锯造型的大体轮廓线和必要的断面线。注意主次产品的区分。如图 4.23 所示。

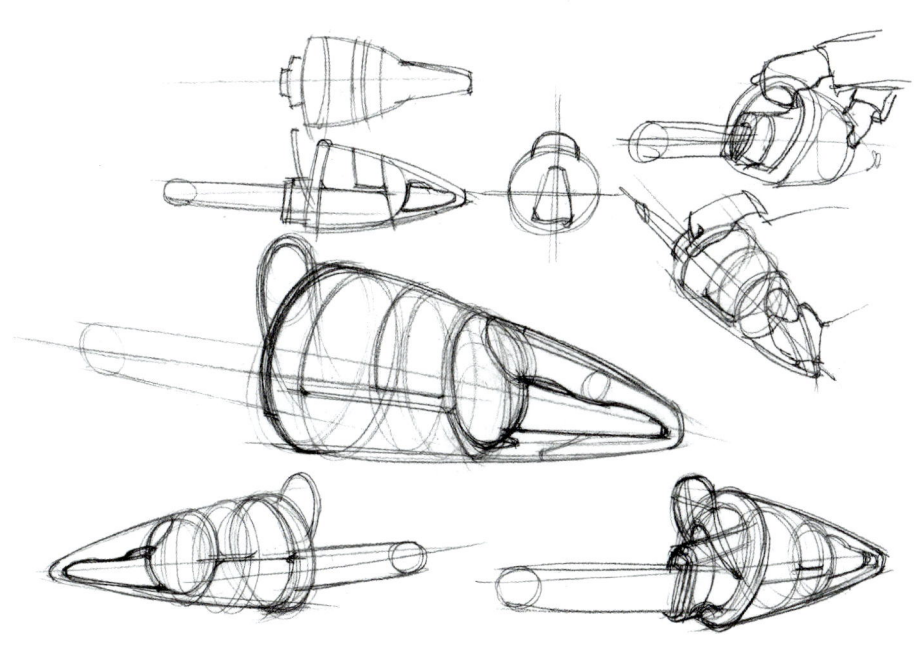

图 4.23

3. 明确画出电锯形体的具体轮廓线和断面线,刻画出局部特征。人的手部轮廓线可作简略处理。如图 4.24 所示。

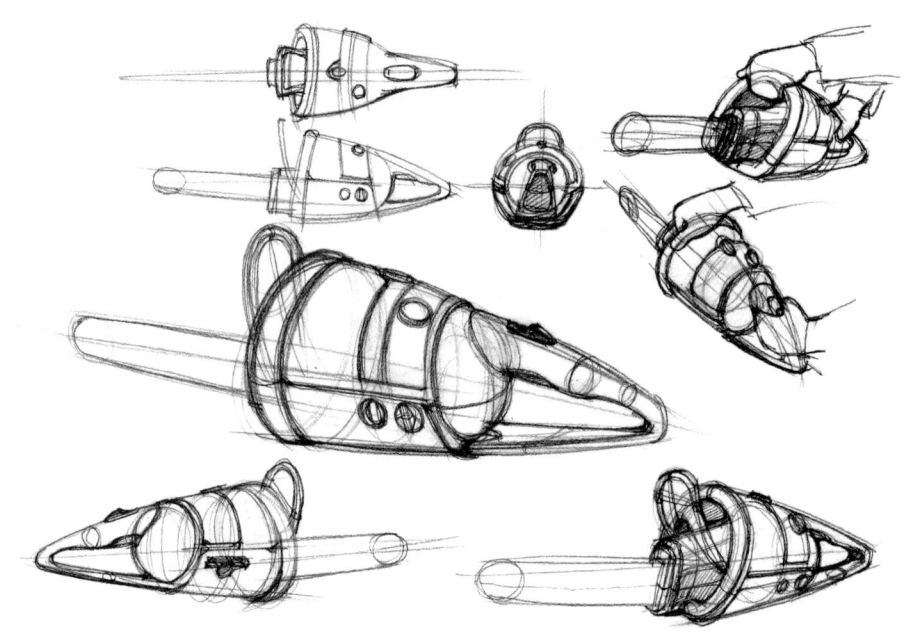

图 4.24

4. 通过简洁、整体的明暗调子,塑造电锯的形体转折和体积感,明确各个电锯体面上的分模线。如图 4.25 所示。

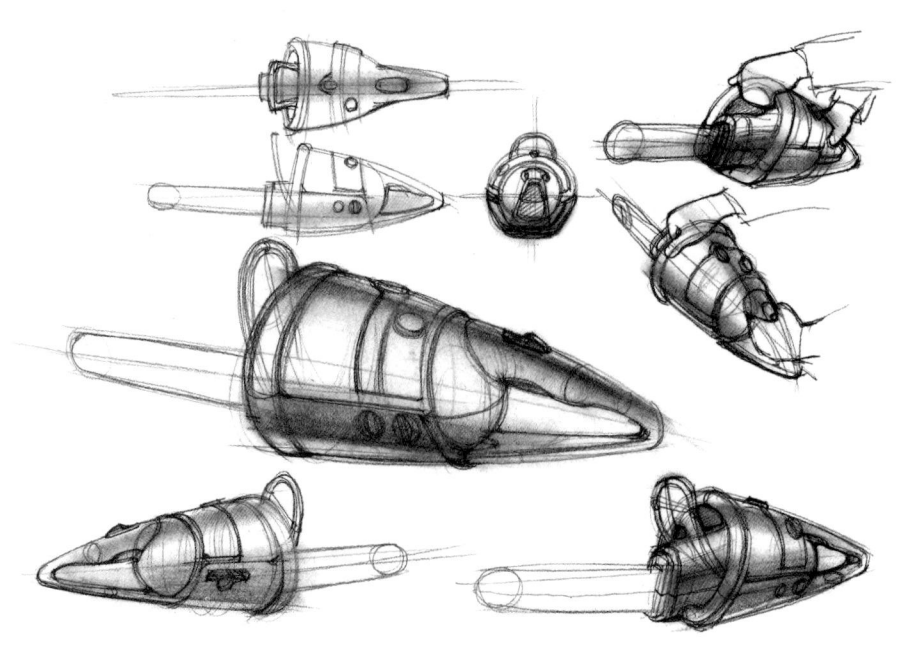

图 4.25

5. 详细绘制电锯的细节部位，如旋钮、按钮等，注重整体效果。由于金属片的锯齿过多，此处可以省略处理。最后完成线稿。如图 4.26 所示。

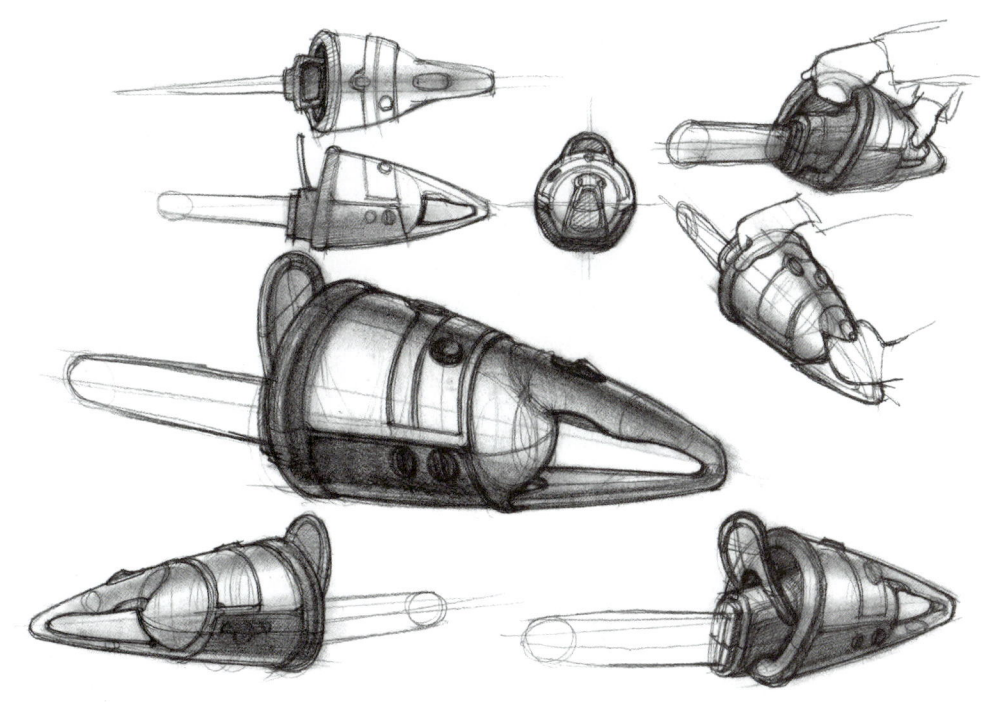

图 4.26

6. 用灰色系、黄色系和绿色系等马克笔画出电锯的主体色彩倾向，围绕电锯形体结构刻画。如图 4.27 所示。

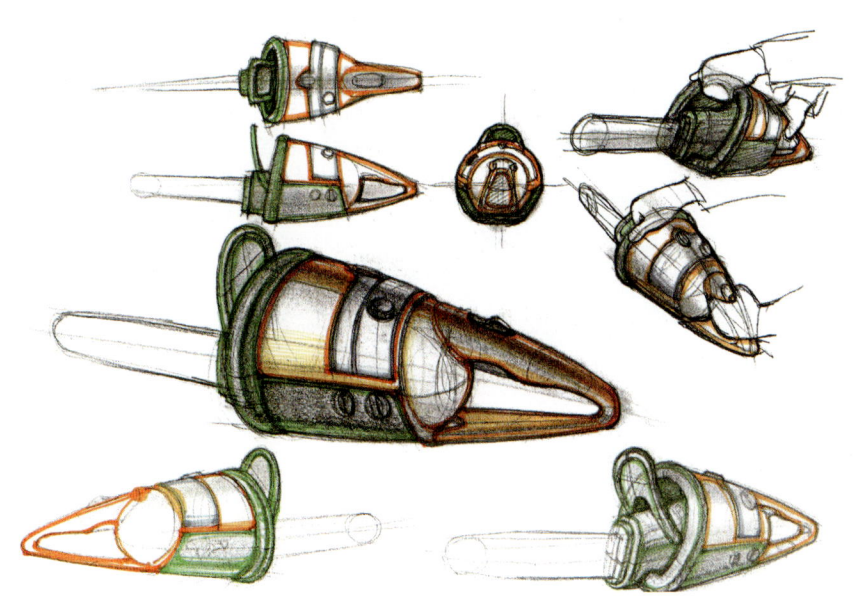

图 4.27

7. 用同色系不同色阶的马克笔进一步整体塑造电锯的体积感和质感，注意主体产品与其他产品的用色差异。人的手部可以不上色。如图 4.28 所示。

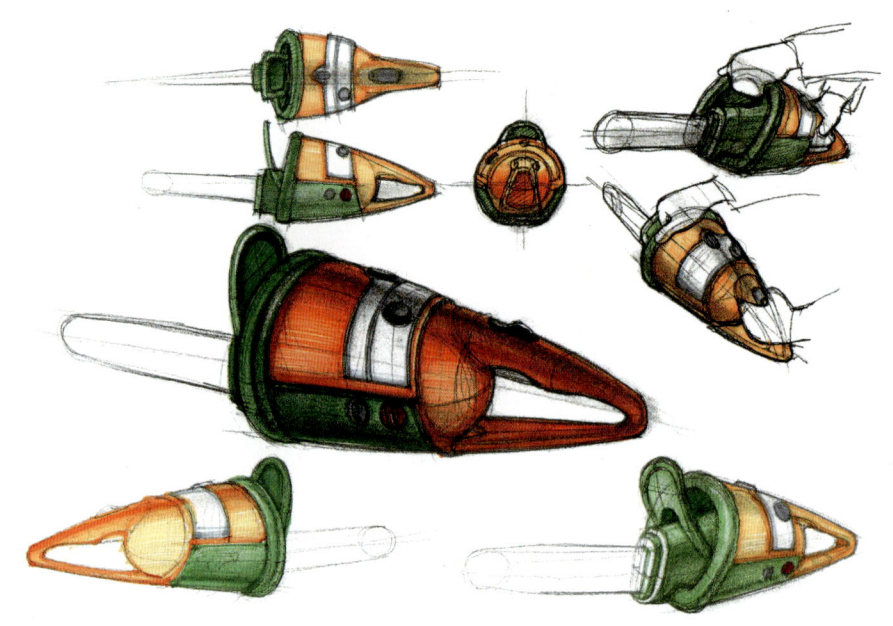

图 4.28

8. 有针对性地刻画出不同电锯的色相、明度和对比度，使各个电锯造型及色彩丰富。要充分刻画电锯的形体，用色彩来表现形体的素描关系。如图 4.29 所示。

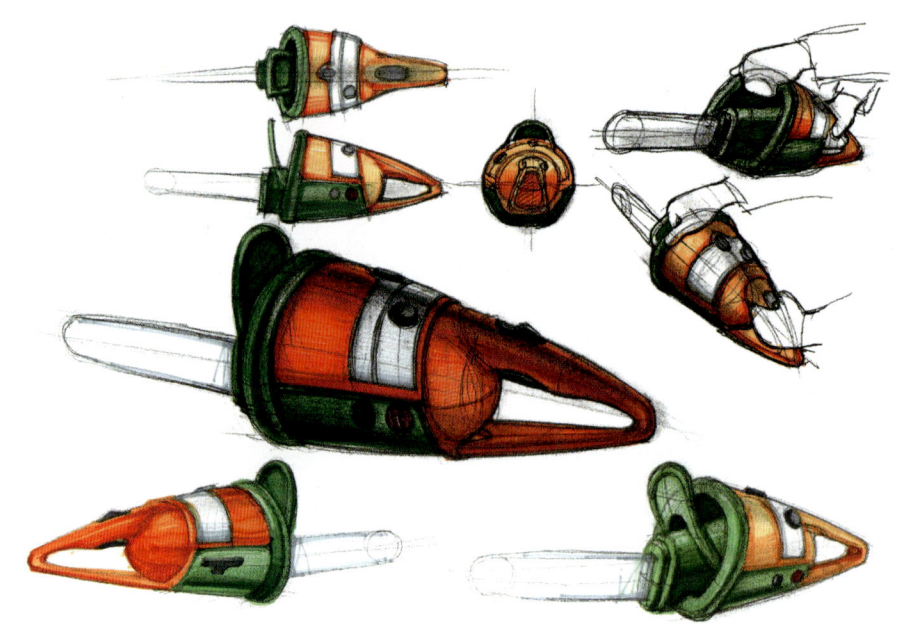

图 4.29

9. 借助水溶性黑色彩铅勾画电锯的整体轮廓和细部结构，如强调电锯的暗部轮廓线、形体上的分模线和细小的局部特征，使电锯的整体结构和细节特征更加明确。如图 4.30 所示。

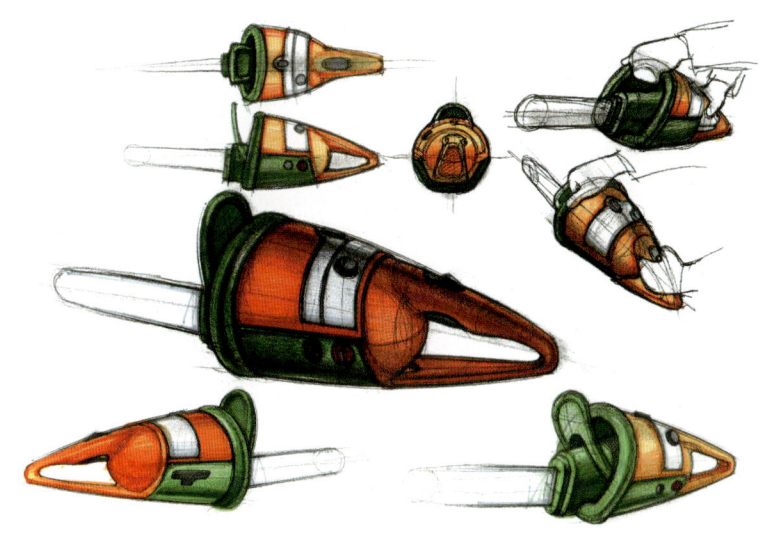

图 4.30

10. 用水溶性白色彩铅和白色水粉颜料提高光，使电锯形体从整体到细节的明暗层次更加清晰。可将画面内的主要电锯的高光处理得详细一些，对其他视角的电锯进行概括处理。最终完成上色。如图 4.31 所示。

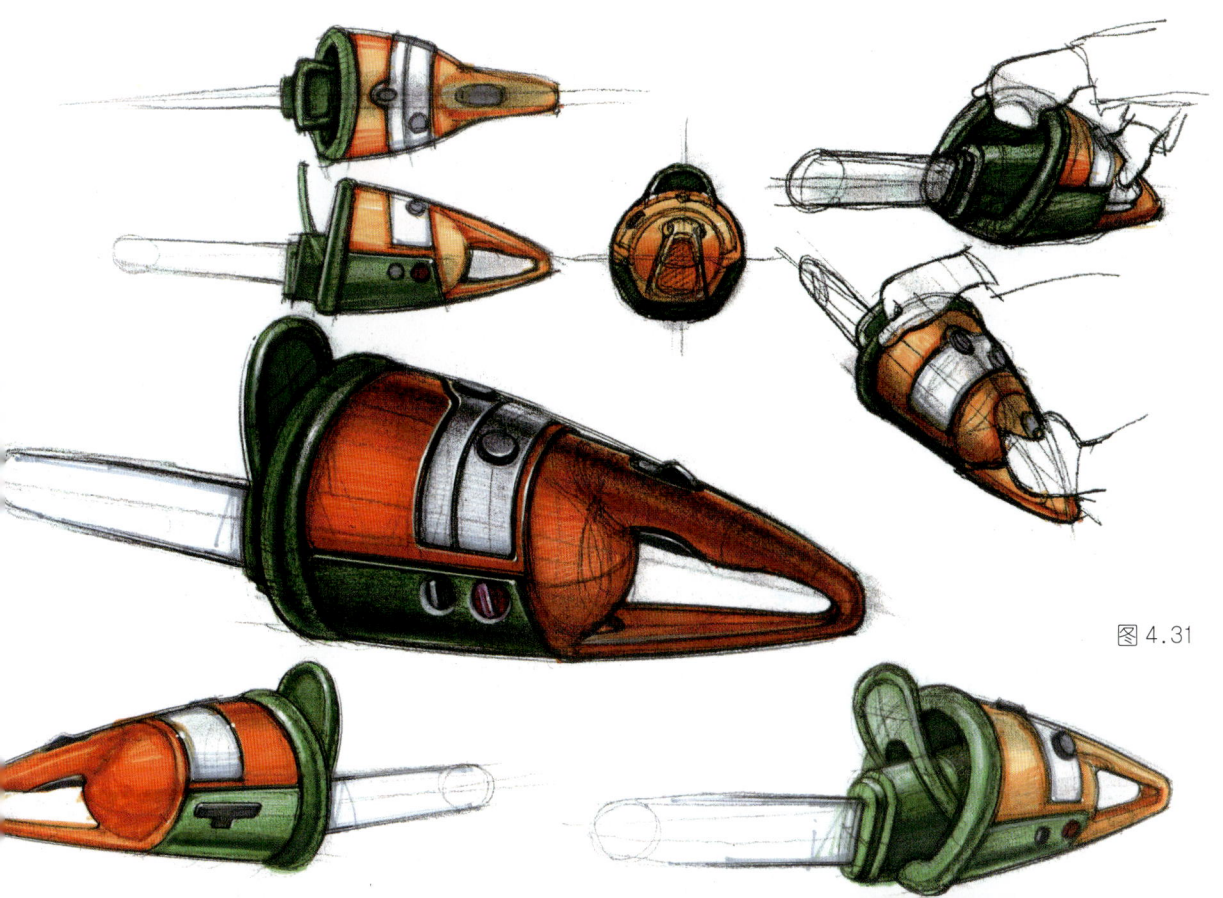

图 4.31

单元训练和作业

课题内容

练习绘制中型家用产品手绘图。

课题时间

理论讲解 /4 课时；绘制一幅 A3 尺寸的作品 /8 课时。

教学方式

教师通过多媒体展示本章内容，结合电子教案全面讲解中型家用产品手绘图的绘制步骤与方法。介绍中型家用产品的背景知识和吸尘器手绘图的特殊性，着重讲解上色技巧与方法。通过本章学习，学生可以掌握中型家用产品手绘图的表现方法。教师结合技法理论现场演示教材案例的绘画过程，边演示边强调绘制中型家用产品手绘图的技法要领。最后，教师引导学生进行手绘练习，对学生进行辅导，并有选择地点评学生在课堂内完成的练习作业。

要点提示

课程进行到本章时，学生对马克笔表现技法会形成比较系统的认识。教师在理论和示范两方面仍需深入透彻地讲解上色技巧与方法。

教学要求

（1）学生课前准备教材内规定的手绘工具，以及两本或两本以上关于工业产品设计的图书。

（2）教师准备可播放电子文档的多媒体教学设备。

（3）学生在本章课程学习结束前，用 8 课时完成一幅 A3 尺寸的手绘作业，作业内容是临摹教材或课前准备图书中的手绘图。

训练目的

从作业中学习中型家用产品手绘图的上色方法，感受马克笔用法的特殊性，探寻用色彩表现三维形态的技巧。

第 5 章 产品设计手绘表现技法与产品快题设计

训练要求和目标

要求：了解并掌握产品设计手绘表现技法在产品快题设计中的作用。
目标：将产品设计手绘表现技法运用到产品快题设计中。

学习要点

- 产品快题设计的组成部分。
- 熟练的产品设计手绘图技法能推进产品快题设计进程、协助设计构思和速记原创。

本章引言

产品快题设计是产品设计的原型构思，是产品设计最初的形态化描述，是设计师创造思维比较活跃的阶段，产品设计雏形就是在快题设计中产生的。产品快题设计可以是一个设计想法或一个抽象见解。产品快题设计的载体可以是设计草图，如图 5.1 所示，也可以是图表和文字。本章选用的图例均以从草图构思到效果图的形式来模拟展现产品快题设计流程，希望有助于学生学习产品快题设计。

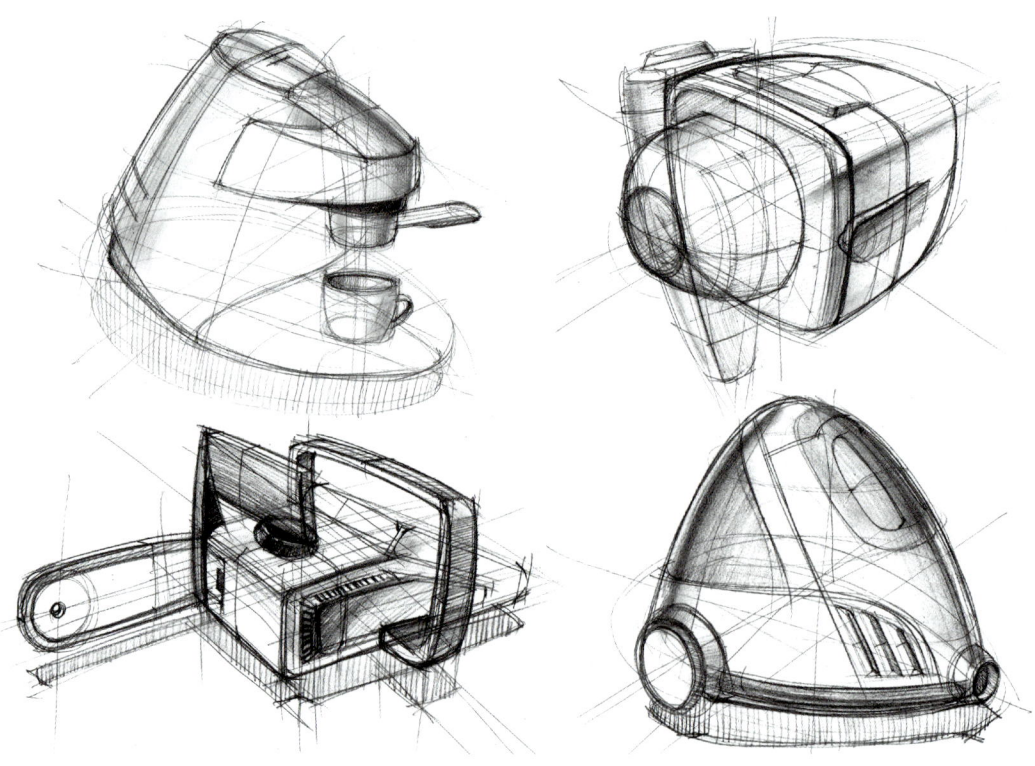

图 5.1　家电产品手绘图　　李和森　绘

这几幅图从起笔到完成，几乎把所有的线条都保留了下来。这些线条不仅没有影响产品体面的结构转折，而且给观者传达了画图的思考过程。

产品快题设计表达是为了锻炼学生的综合表达设计能力。本章中的产品快题设计主要包括题目、草图方案、效果图、设计分析和尺寸图等（具体名称可能因产品不同而有细微差异）。其中，草图方案初步描述设计创意；效果图详细刻画选中的草图方案，用各种方法充分地表现产品的整体和细节；设计分析是对设计创意的前因、过程和结果的描述；尺寸图用来规定设计方案的尺度。

上述内容的落实方法和版式布局思路的具体建议如下。

1. 纸张：A1、A2 或 A3 尺寸均可。

2. 题目：一般包括 4~6 个字，中英文均可，也可增加副标题；在画法上尽量做到字体等高、零间距、笔画等粗、黑白灰结合。

3. 草图方案：以组图形式表现，每组图至少包括两个角度的整体图和两种细节图，配置人机结合图，加入必要的设计说明关键词和指示符号；组图的表现形式可以是单色的，也可以是多色的，组图间距应紧凑，可增加浅色背景，提升组图视觉凝聚力。

4. 效果图：要刻画充分、细致，使其整体视觉尺寸体量与草图方案有明确区分度；可增加背景，突出在画面中的主体地位。

5. 设计分析：设计问题分析和解决说明，通常以故事板、设计定位、用户画像、流程图、文字说明等多种方式呈现，应避免写成整段文字，尽量采用分段式文字或细化为图文模块展现，形式要工整，便于阅读。

6. 尺寸图：一般包括主视图、侧视图和俯视图，应严格按照机械制图规范，借助尺规和曲线板等工具来绘制；标明各个视图的名称、尺寸、单位和比例尺。

7. 其他：标题分级，格式统一——整体版式的秩序感主要源于各组成部分的标题分级，如题目是一级标题，各组成部分的标题是二级标题，各组成部分内继续细化的标题则是三级标题，同时各组成部分的间距应相等，适当增加浅色分割线，增强布局规整性，以保持画面干净、整洁；此外，各组成部分的文字格式，如草图方案内的关键词、设计分析内的文字等，在同一个版面内应为同一种格式。

以下是综合前面的章节所学和在本章内容指导下完成的产品快题设计手绘作品，供参考和评析，如图 5.2～图 5.17 所示。

【产品快题设计】

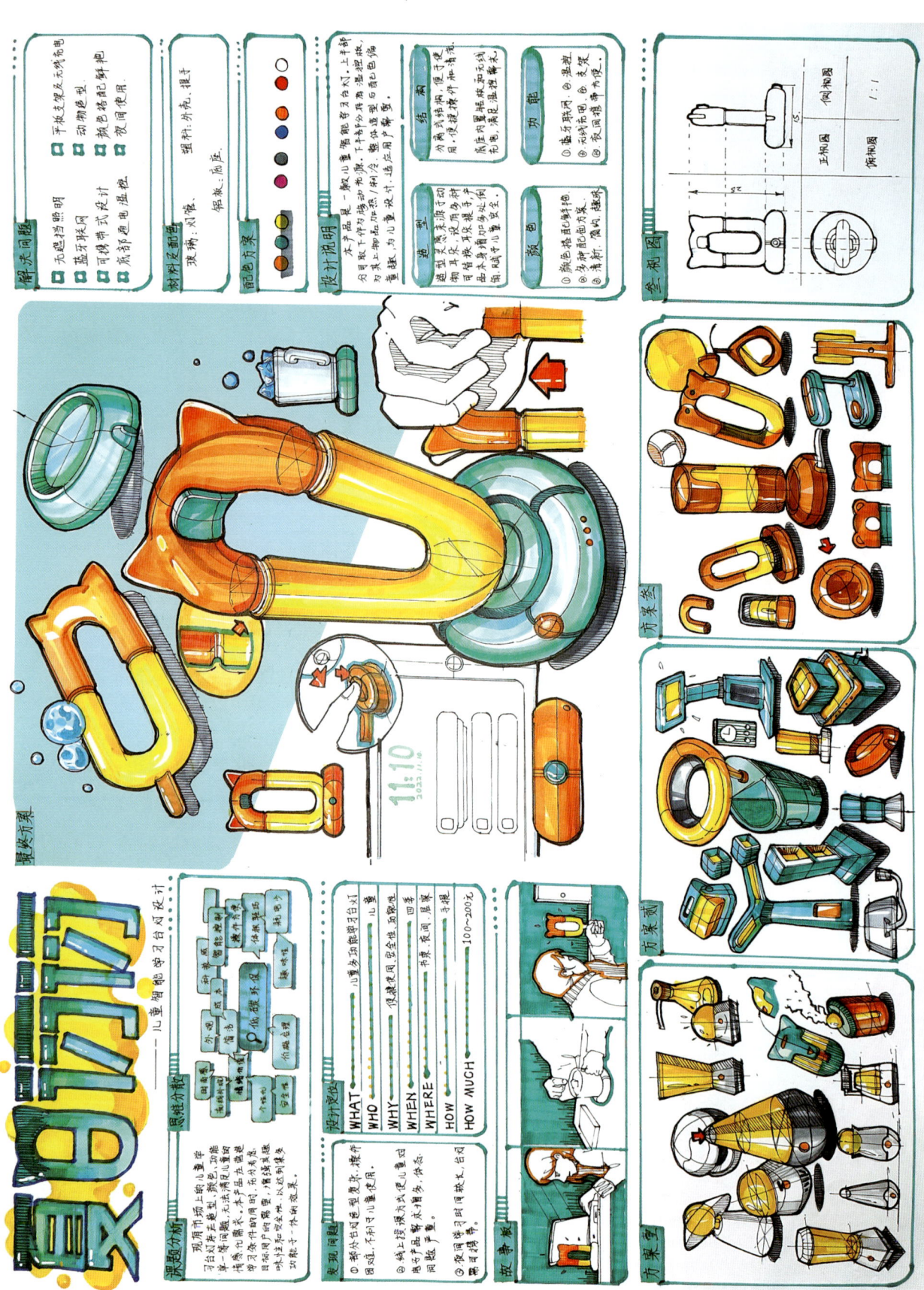

图 5.2 儿童智能学习台灯设计　王博晨　绘

第5章 产品设计手绘表现技法与产品快题设计

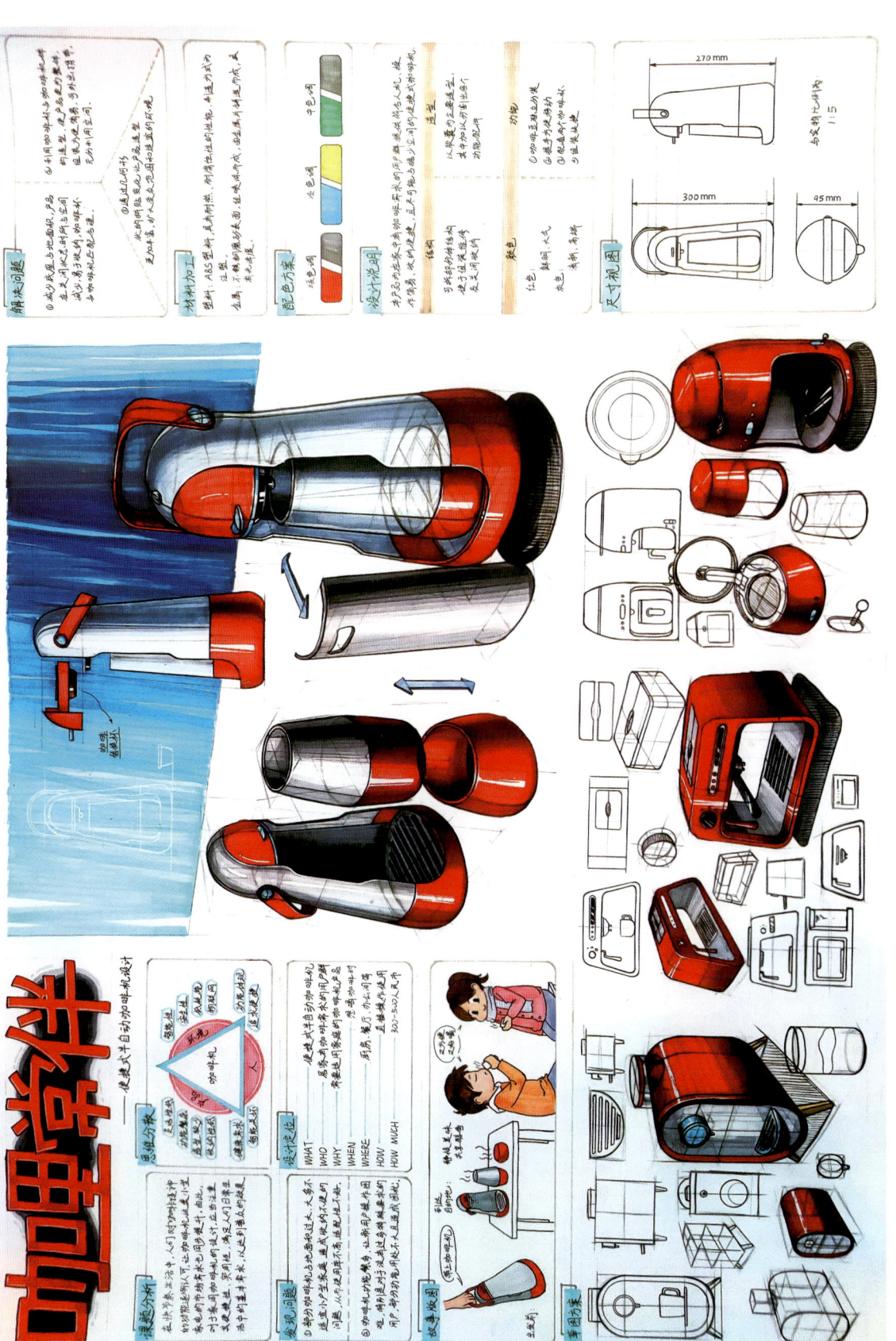

图 5.3 便携式半自动咖啡机设计 陈影 绘

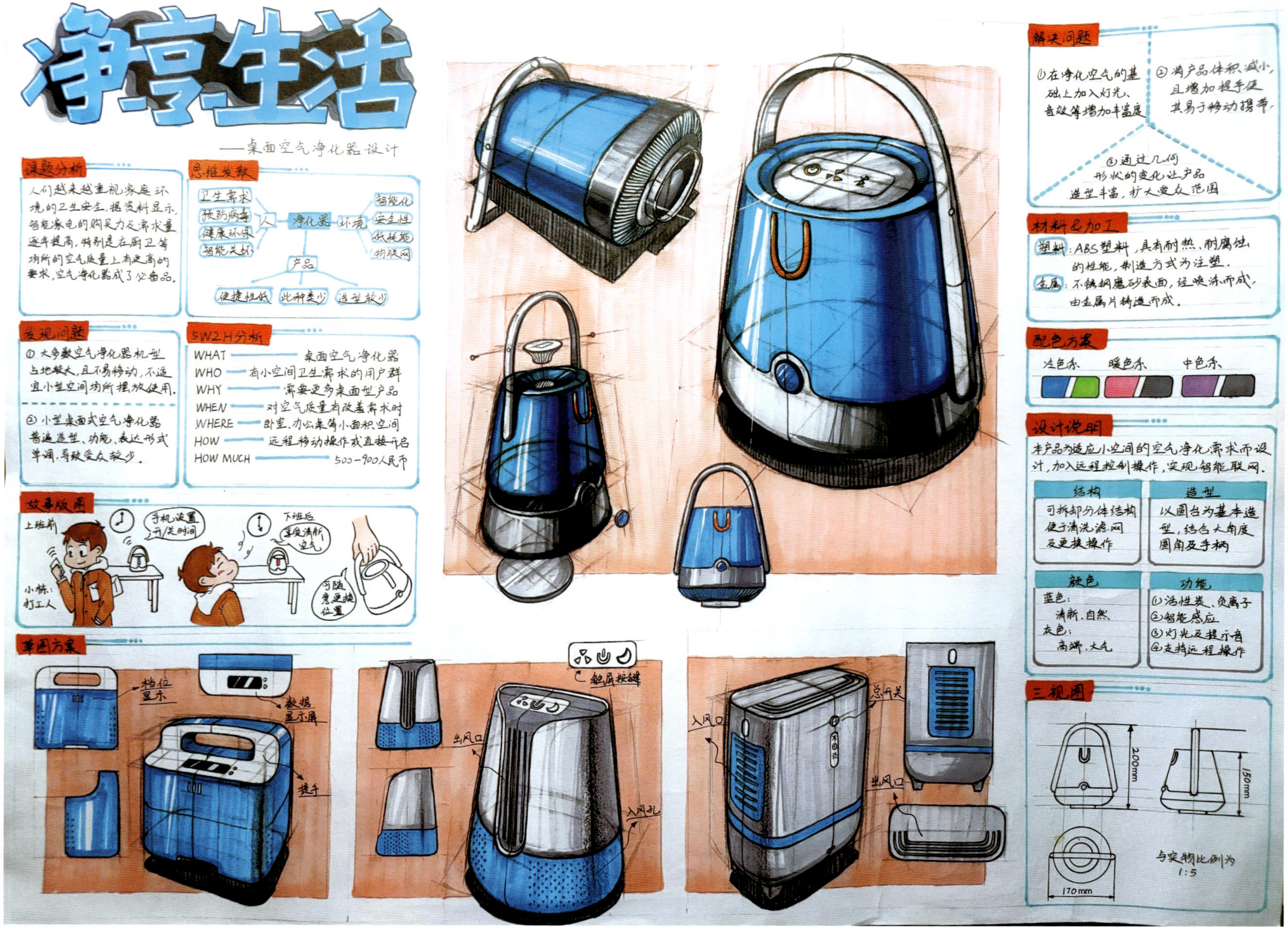

图5.4 桌面空气净化器设计 陈影 绘

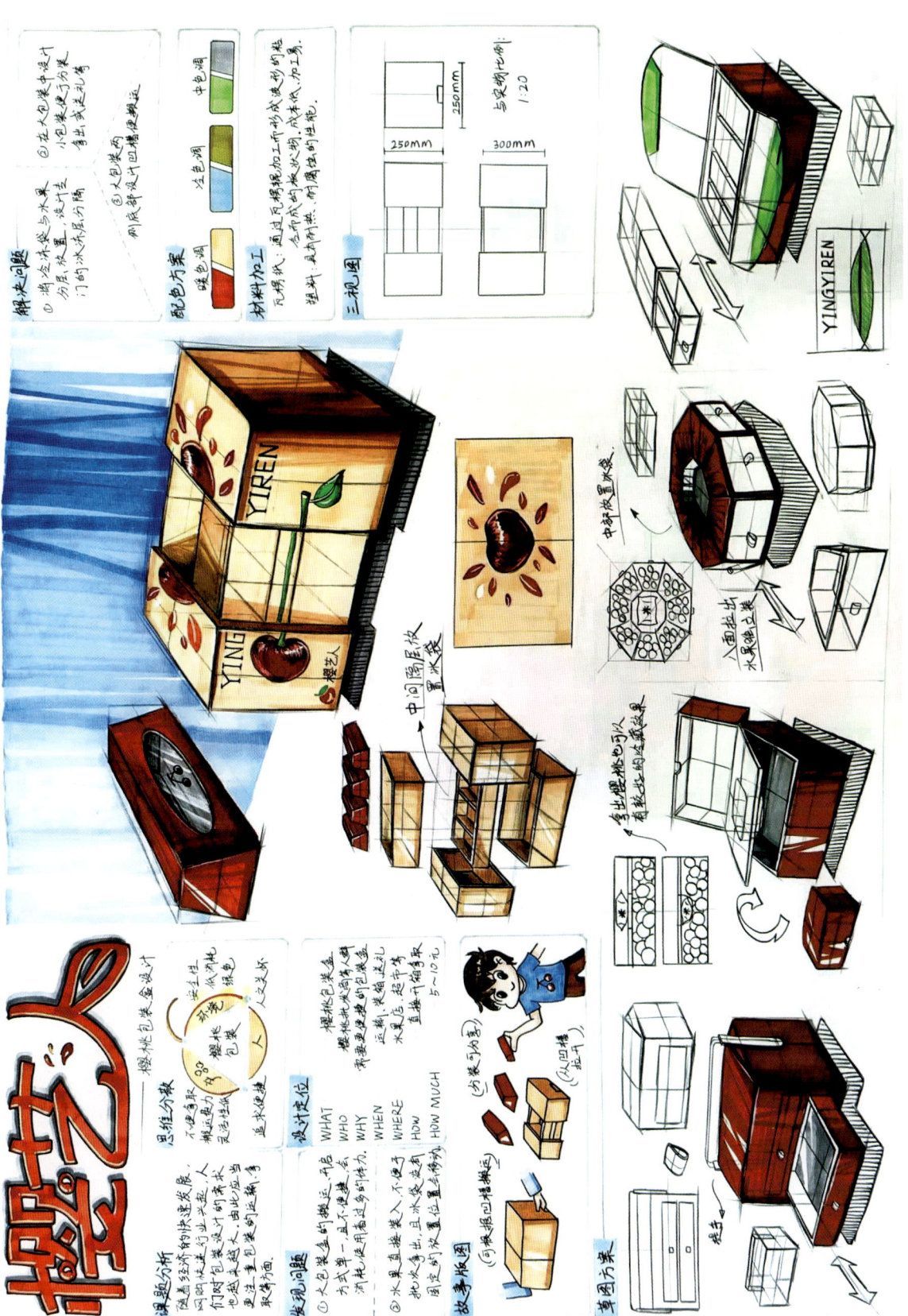

图 5.5 樱桃包装盒设计（一） 陈影 绘

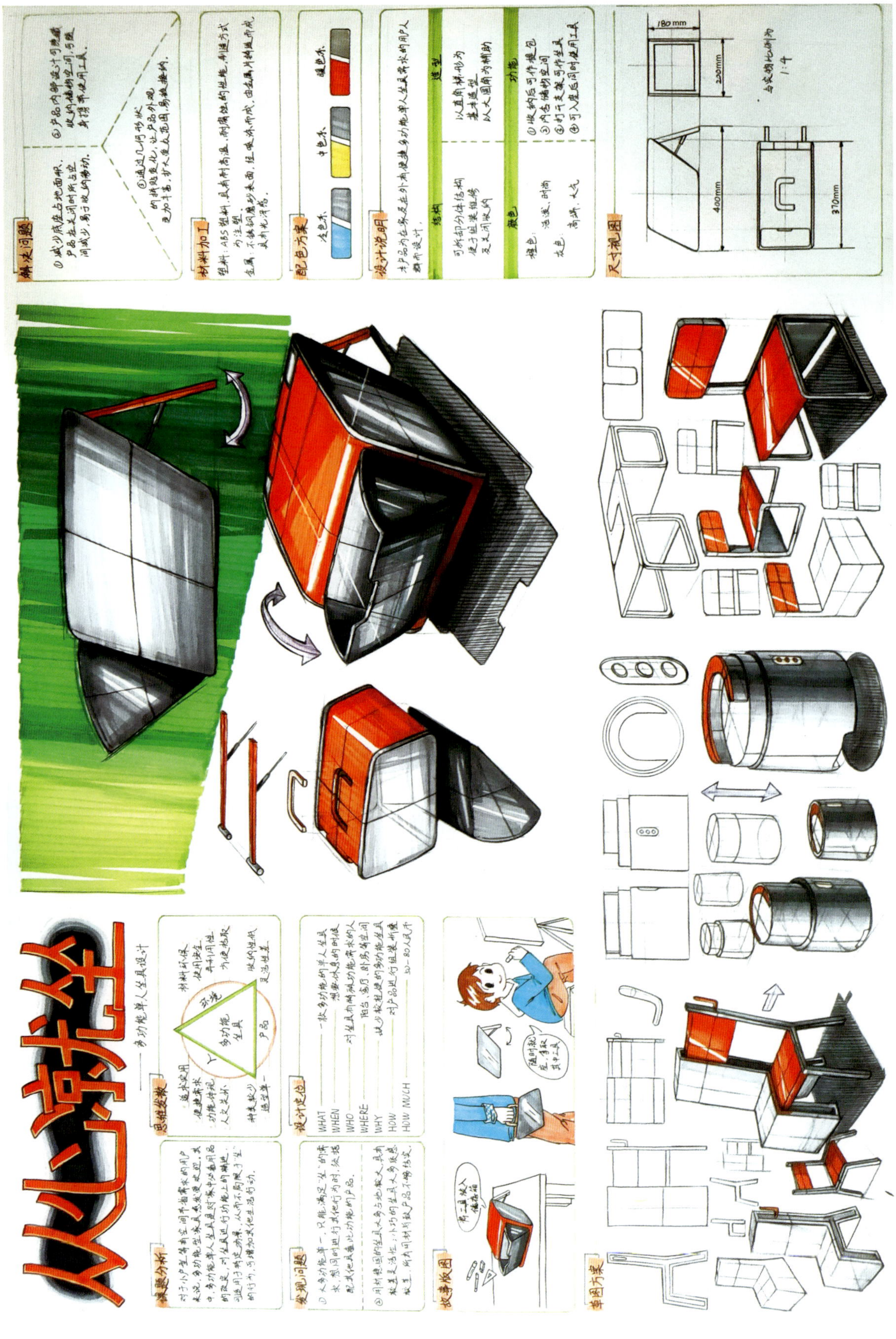

图 5.6 多功能单人坐具设计 陈影 绘

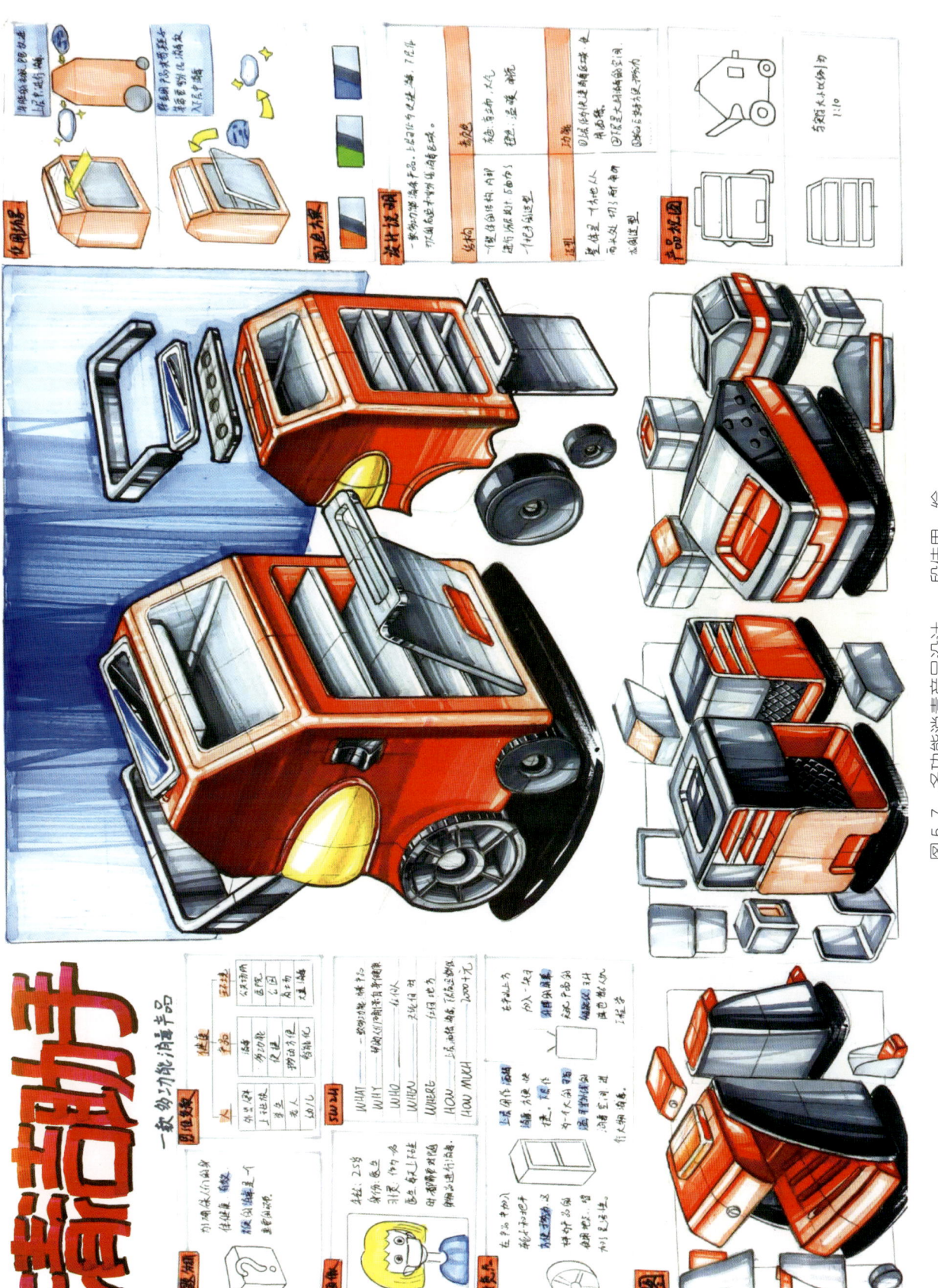

图 5.7 多功能消毒产品设计 段佳男 绘

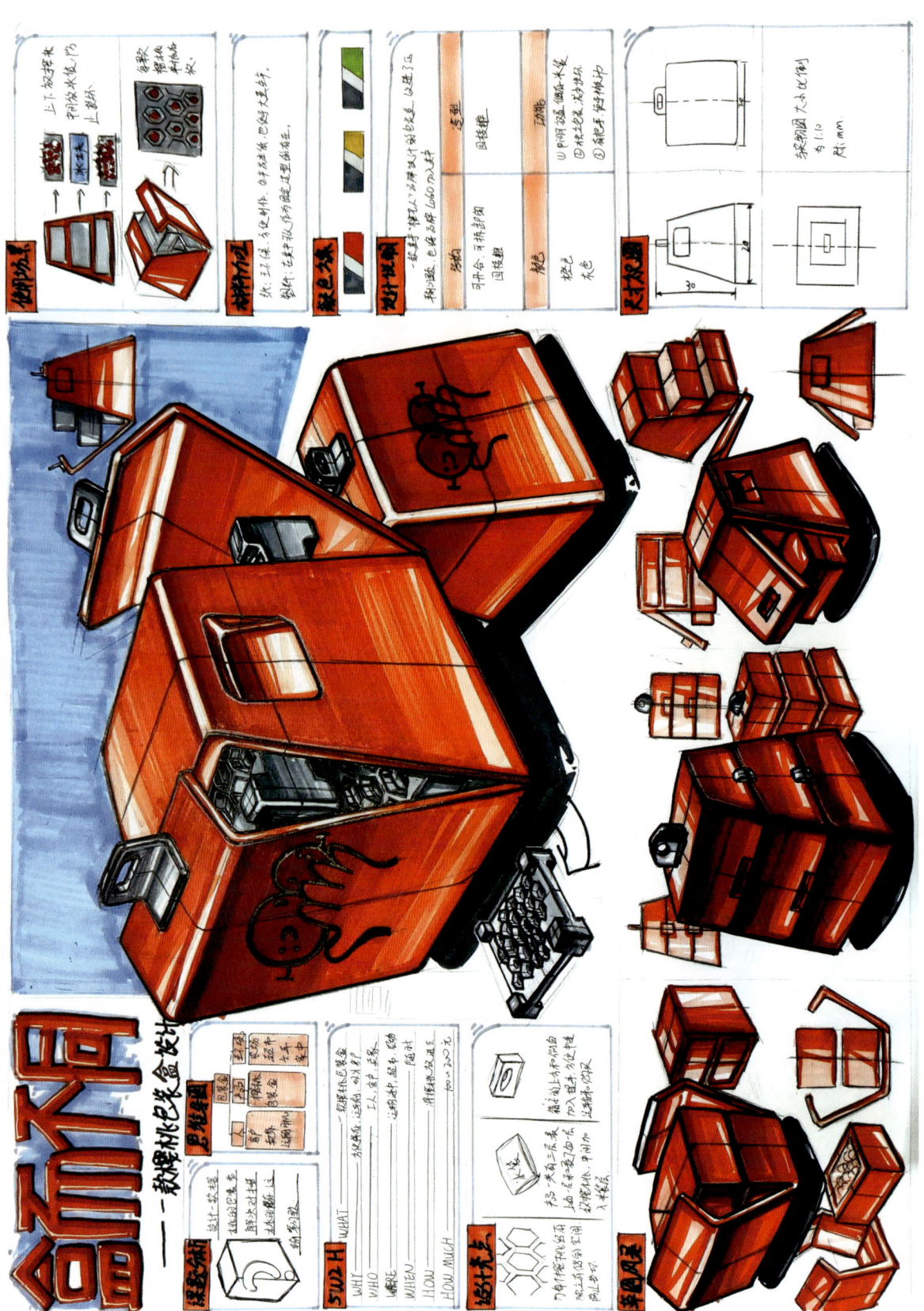

图 5.8 樱桃包装盒设计（二） 段佳男 绘

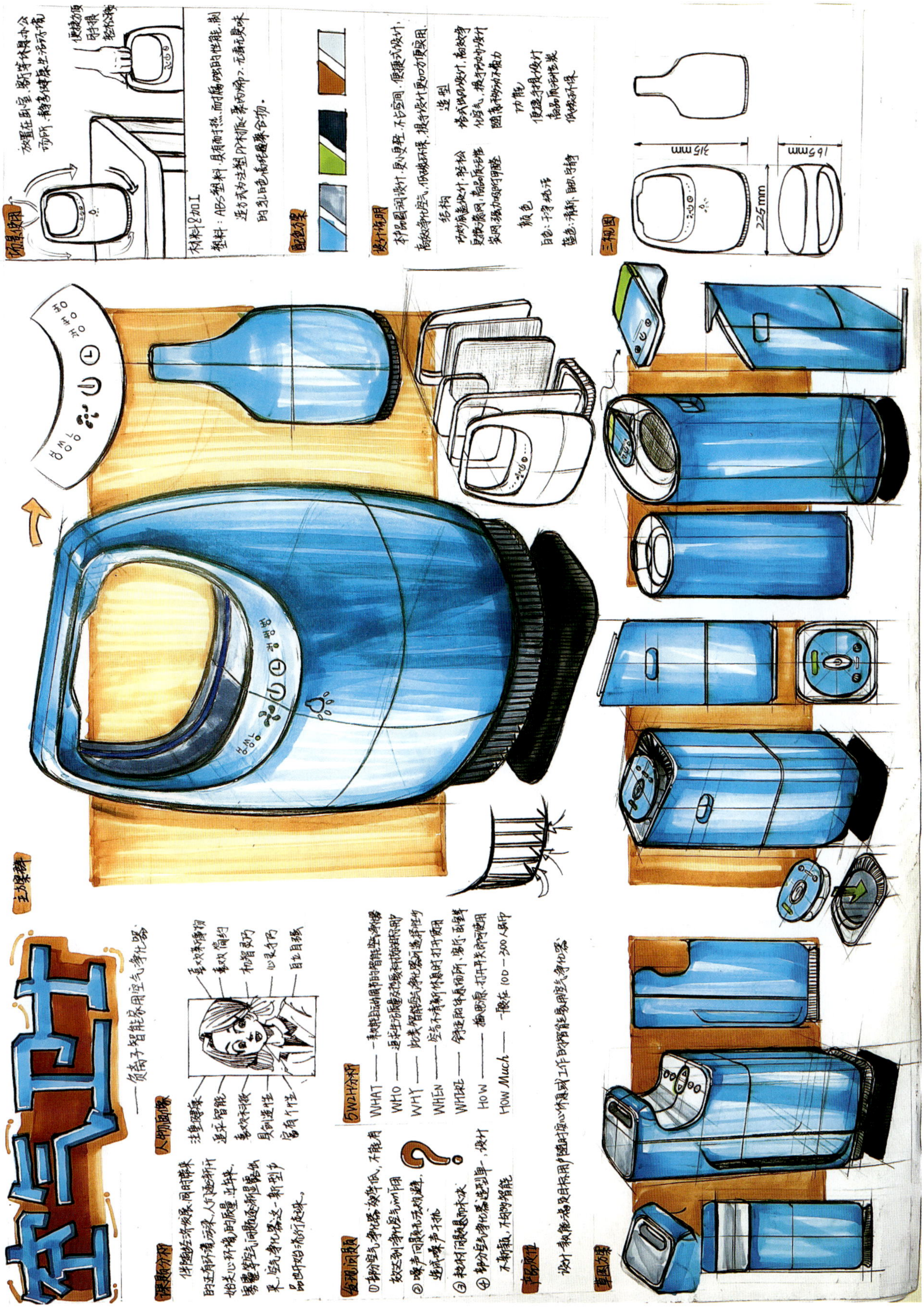

图 5.9 空气净化器设计 金乐融 绘

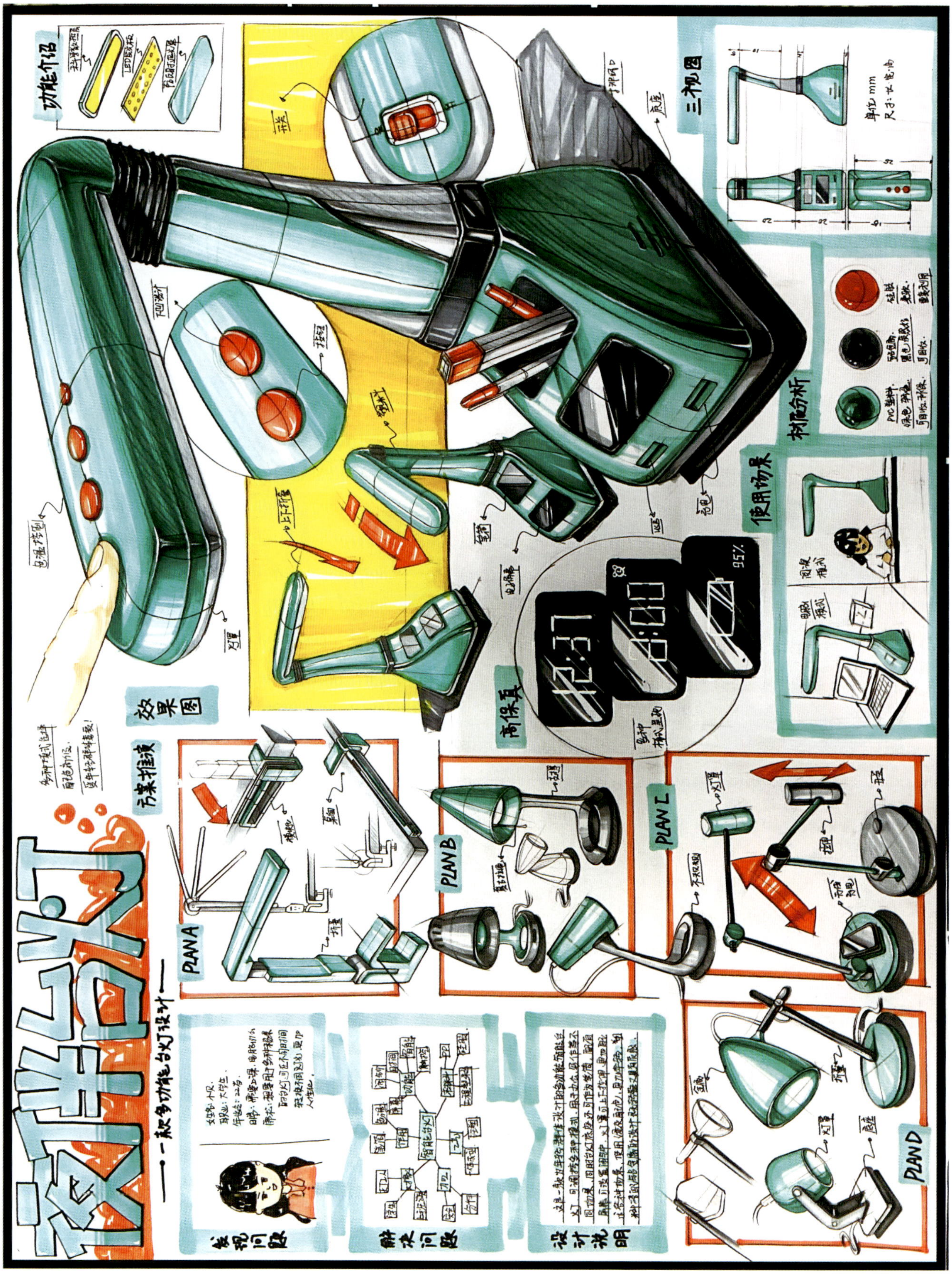

图 5.10 多功能台灯设计（一） 张怡瑄 绘

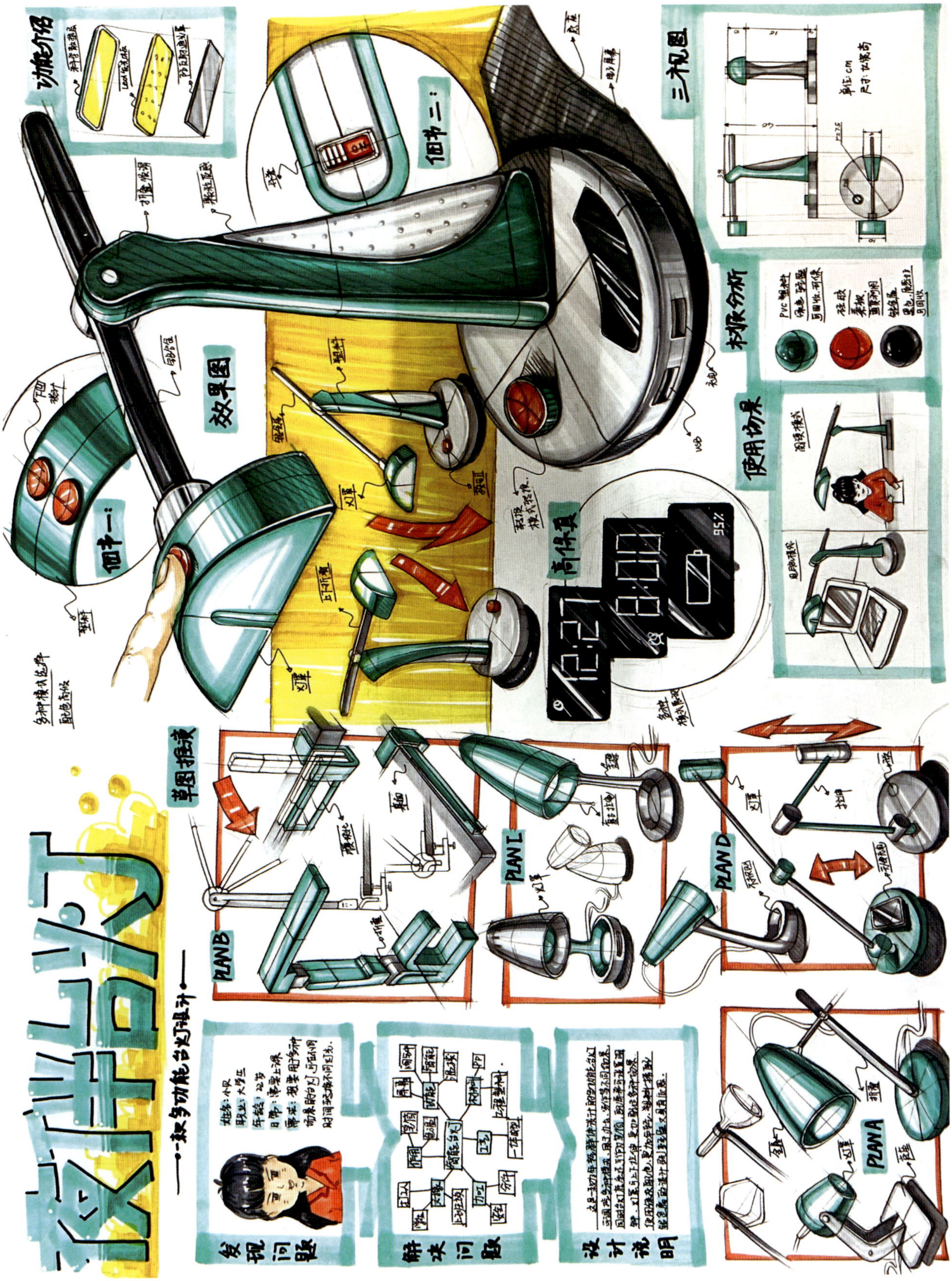

图 5.11 多功能台灯设计（二） 张怡瑄 绘

图 5.12 便携式吸尘器设计 陆晨 绘

第5章 产品设计手绘表现技法与产品快题设计

图5.13 收音机设计 陆晨 绘

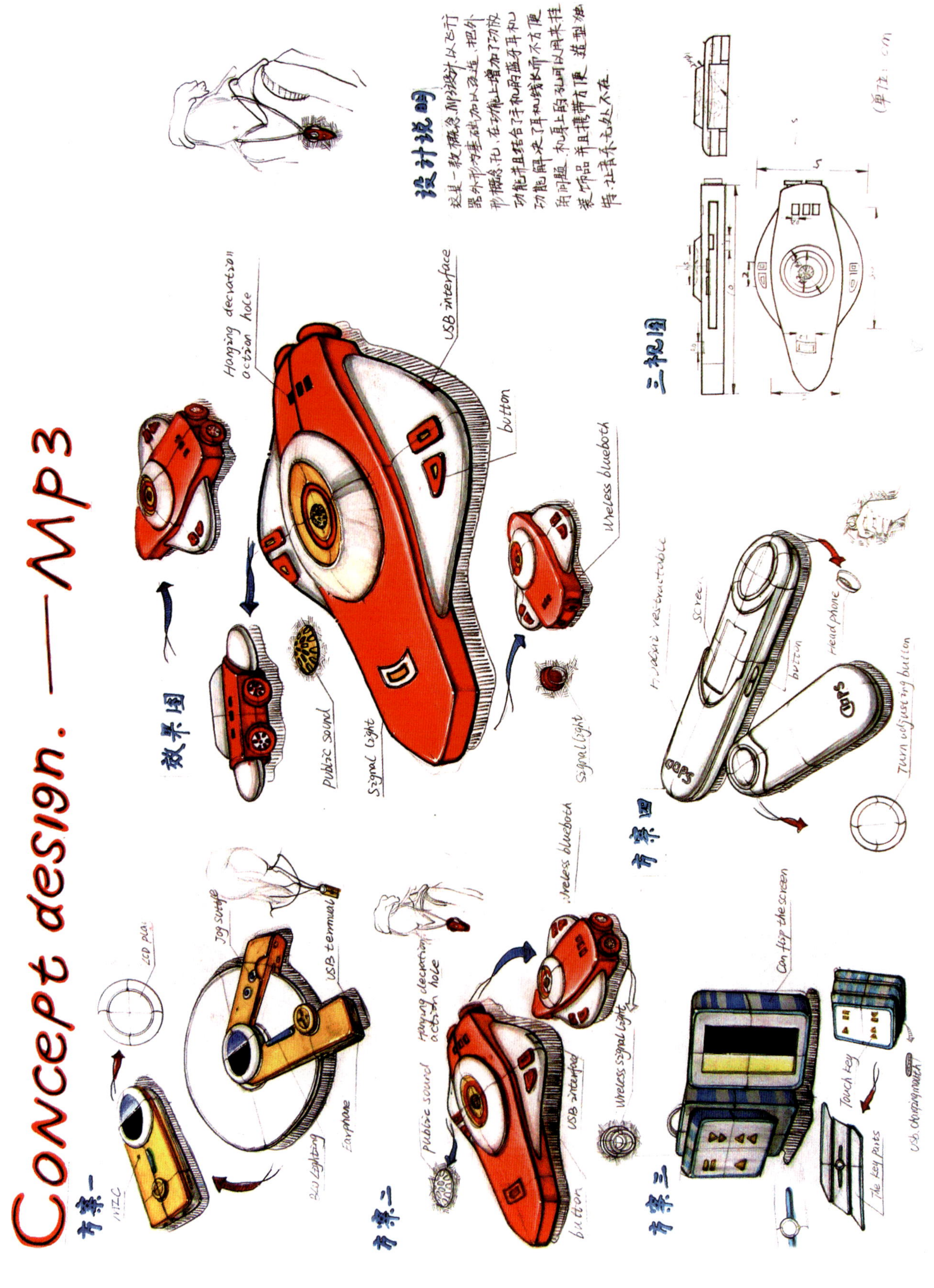

图5.14 播放器设计 邓为彪 绘

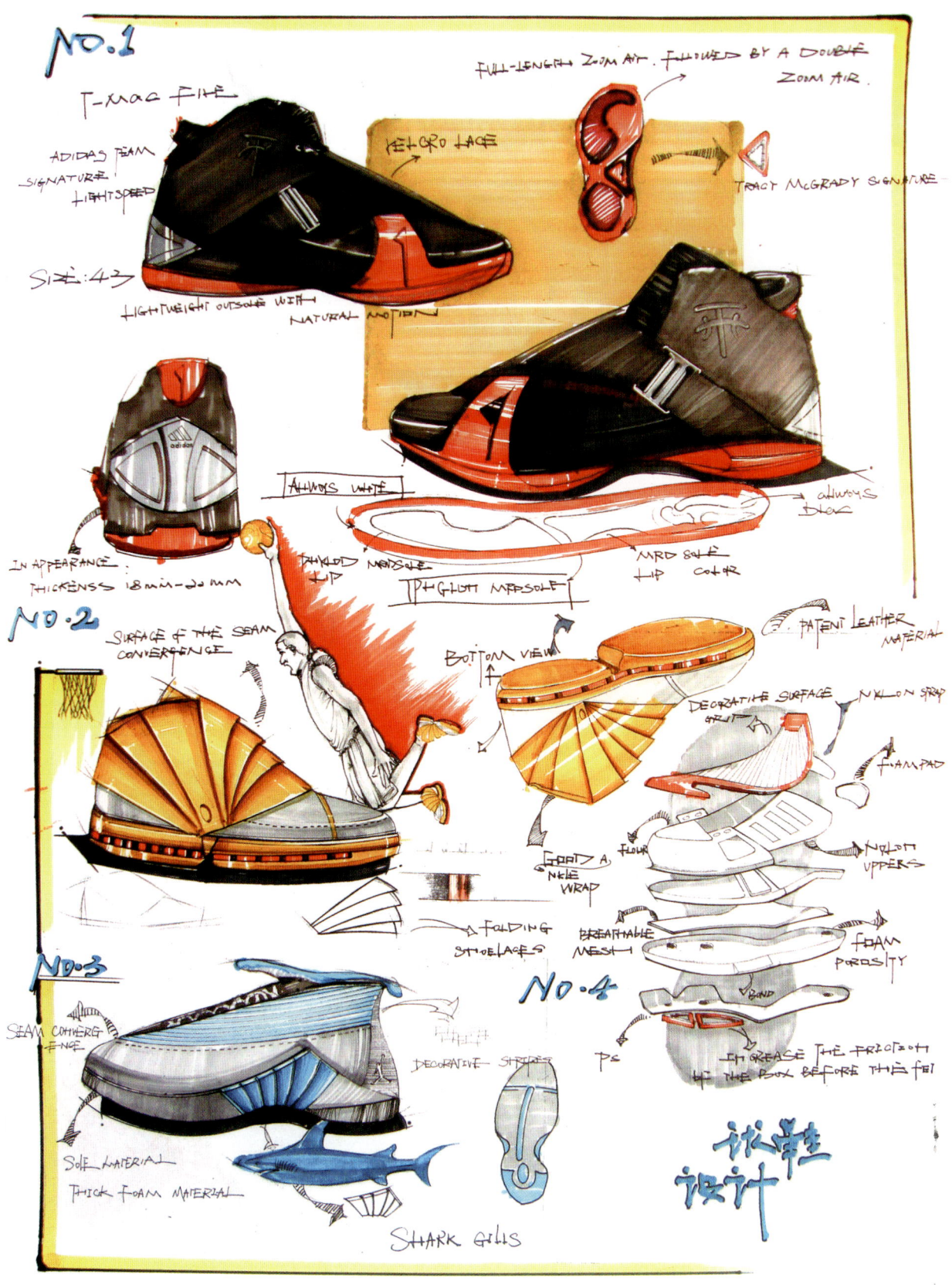

图 5.15 球鞋设计　　陈煜霖　绘

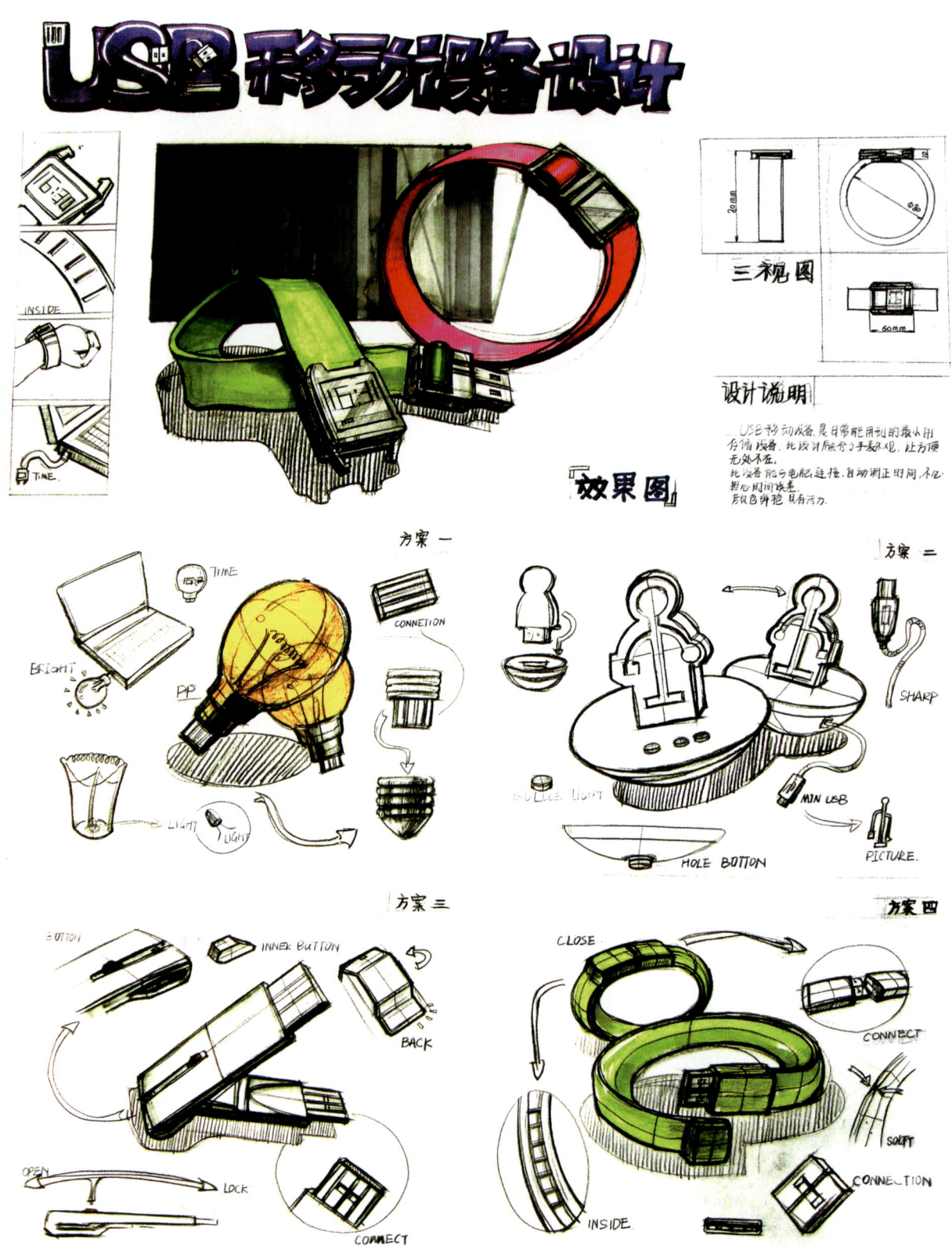

图 5.16 USB 移动设备设计　冯伟港　绘

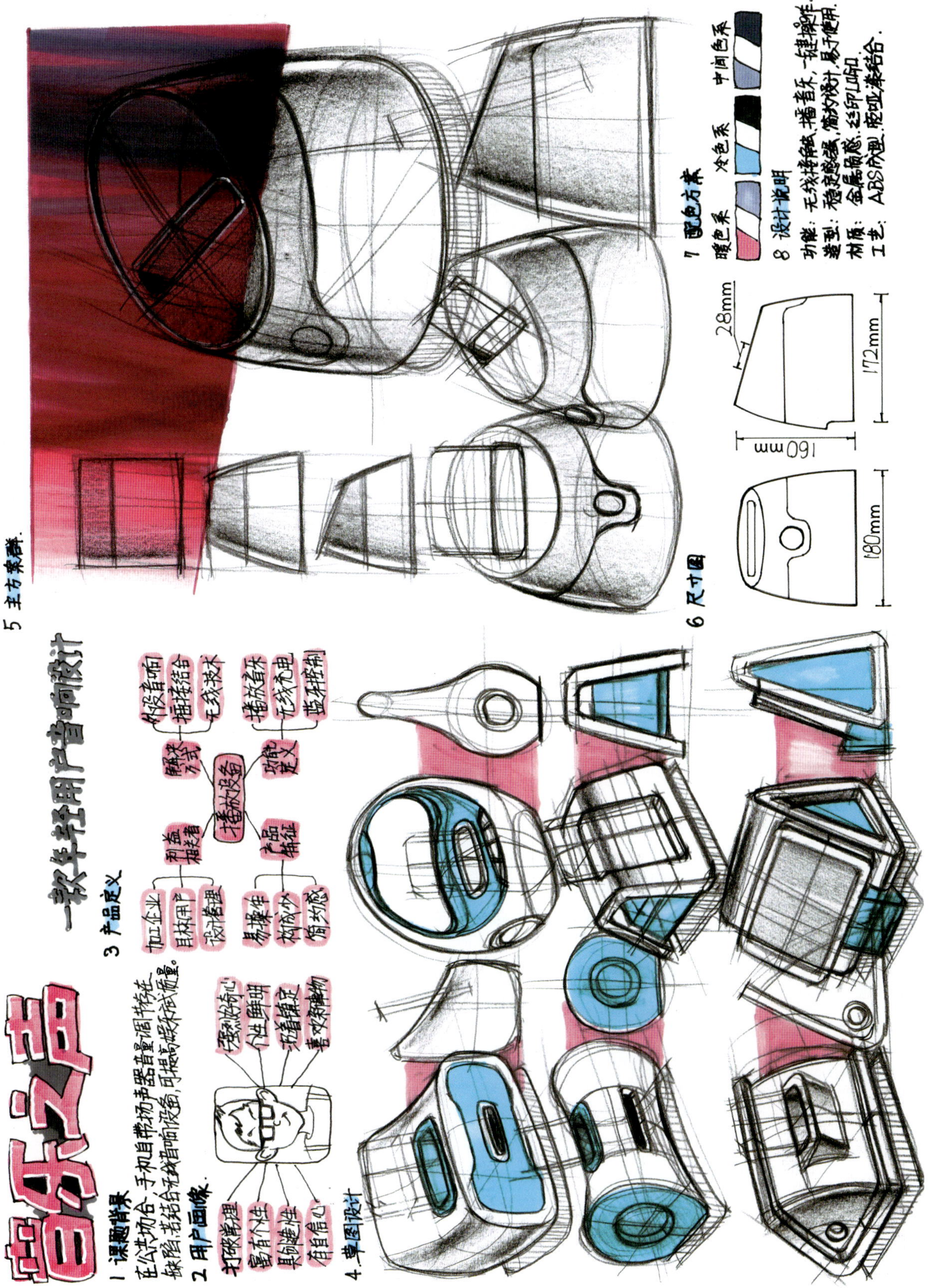

第5章 产品设计手绘表现技法与产品快题设计

图5.17 年轻用户音响设计 李和森 绘

单元训练和作业

课题内容

完成自选题目的产品快题设计手绘作品。

课题时间

理论讲解 /4 课时；绘制一幅 A2 尺寸的产品快题设计手绘作品 /12 课时。

教学方式

教师结合电子教案全面讲解产品设计手绘表现技法与产品快题设计的关系，通过展示优秀的产品快题设计手绘作品，讲述产品快题设计的目的、内容等。通过本章学习，学生可以了解产品设计手绘表现技法在产品快题设计中的作用、产品快题设计构成要素和版式。根据教师的理论讲解和范例展示，学生自行选择产品设计主题，有计划地完成产品快题设计作业。教师对学生进行针对性辅导。

要点提示

熟练的手绘技法是提高产品快题设计作业品质的保障；产品快题设计的版式构成要素：题目、草图方案、效果图、设计说明及三视图。

教学要求

（1）学生课前准备教材内规定的手绘工具，以及两本或两本以上关于工业产品设计的图书。

（2）教师准备可播放电子文档的多媒体教学设备。

（3）学生用 12 课时完成一幅 A2 尺寸的产品快题设计手绘作品，题目自选。

训练目的

让学生学习如何将产品设计手绘表现技法运用于产品快题设计。

第 6 章 产品概念设计草图与产品设计项目

训练要求和目标

要求：了解并掌握产品概念设计草图在产品设计项目中的作用。

目标：将产品概念手绘技能运用于产品设计实践，为设计服务。

学习要点

- 综合运用产品概念手绘技能为产品设计构思服务。
- 产品概念设计草图在产品设计的各个阶段起着重要的辅助作用。

本章引言

产品设计项目是一个系统工程，它包含市场调研、设计构思、计算机制图、设计评价、模型制作、模具加工、批量生产等一系列内容。手绘图是设计程序中的一部分，在设计构思及完善阶段的运用相对集中。本章选取的案例不展示产品设计项目的全过程，而只列举产品结构设计前期的能凸显手绘图作用的几个阶段的设计内容。手绘图如图 6.1 所示。

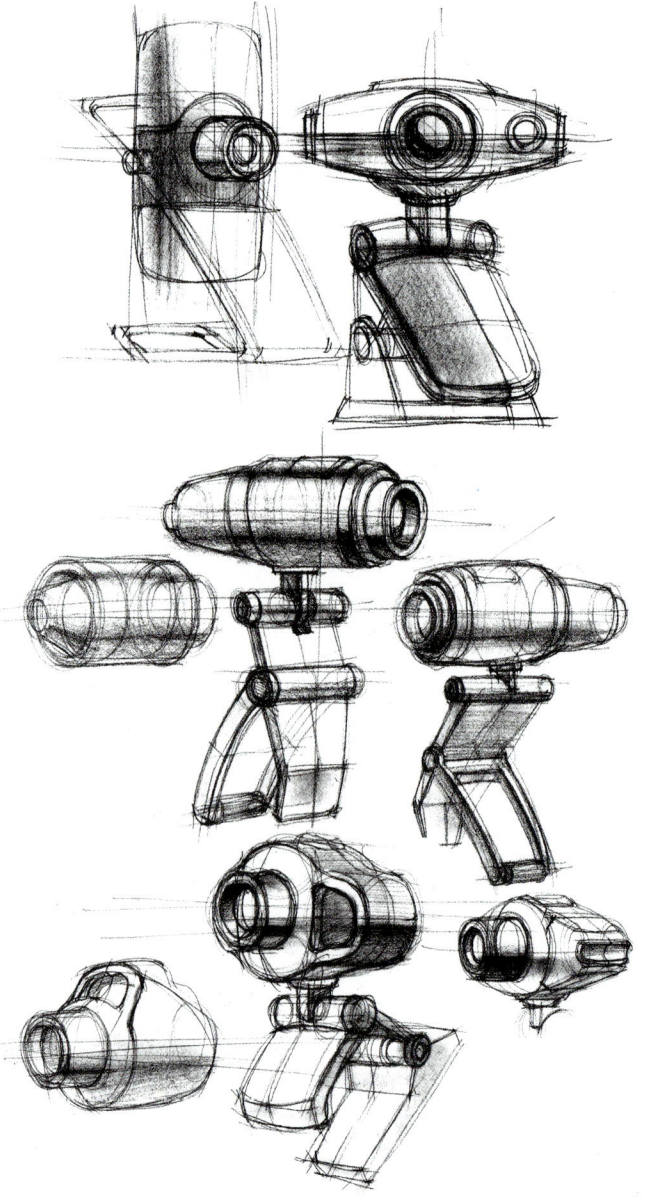

图 6.1　摄像头手绘图　　李和森　绘
在画手绘图时，为了增强体积感，可适当上些明暗调子，明暗处理尽量简练，这样可以增强形体表达的视觉冲击力。

6.1 指甲钳外观设计

6.1.1 指甲钳外观设计要求

设计师在接受指甲钳外观设计任务时，要先清楚指甲钳的功能：修剪指甲、打磨指甲等。指甲钳由于体积很小，通常和钥匙拴在同一个环上，也可以单独存放。当然，设计师明白产品的功能后，还要了解客户对设计的要求。因为客户对产品的加工成本、材料选用、市场销售有特定的了解，所以设计师有必要在设计之前与客户进行深入交流，这样可使设计任务更加明确。指甲钳外观设计基本要求归纳如下（见图6.2和图6.3）。

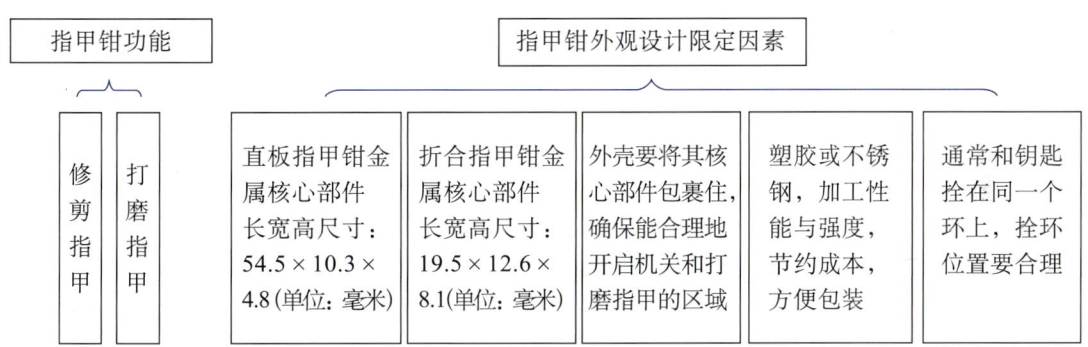

图6.2　指甲钳功能及外观设计限定因素

图6.3　现有直板指甲钳和折合指甲钳

6.1.2 指甲钳外观设计计划

只有充分估计每一个环节的工作时间，设计师才能相对准确地制订指甲钳外观设计计划。设计计划既能使设计工作有序展开，又能明确设计师和客户阶段性交流的时间。设计计划要综合考虑特定的工作内容和客户对设计时间的要求等多种因素。指甲钳外观设计计划如下（见图6.4）。

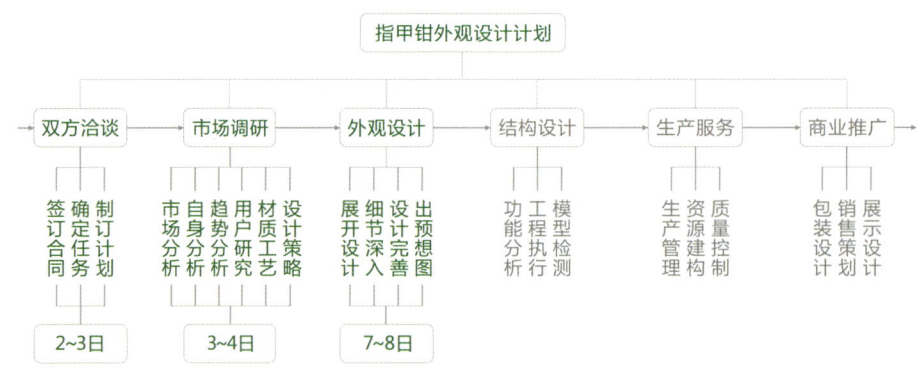

图 6.4　指甲钳外观设计计划　　李和森　制

图内"市场调研、外观设计"是本书重点阐述的阶段，其他阶段本书不作阐述。

6.1.3　指甲钳市场调研

指甲钳市场调研内容与获取信息途径如图 6.5 所示，指甲钳外观设计坐标分析图如图 6.6 所示。

图 6.5　指甲钳市场调研内容与获取信息途径

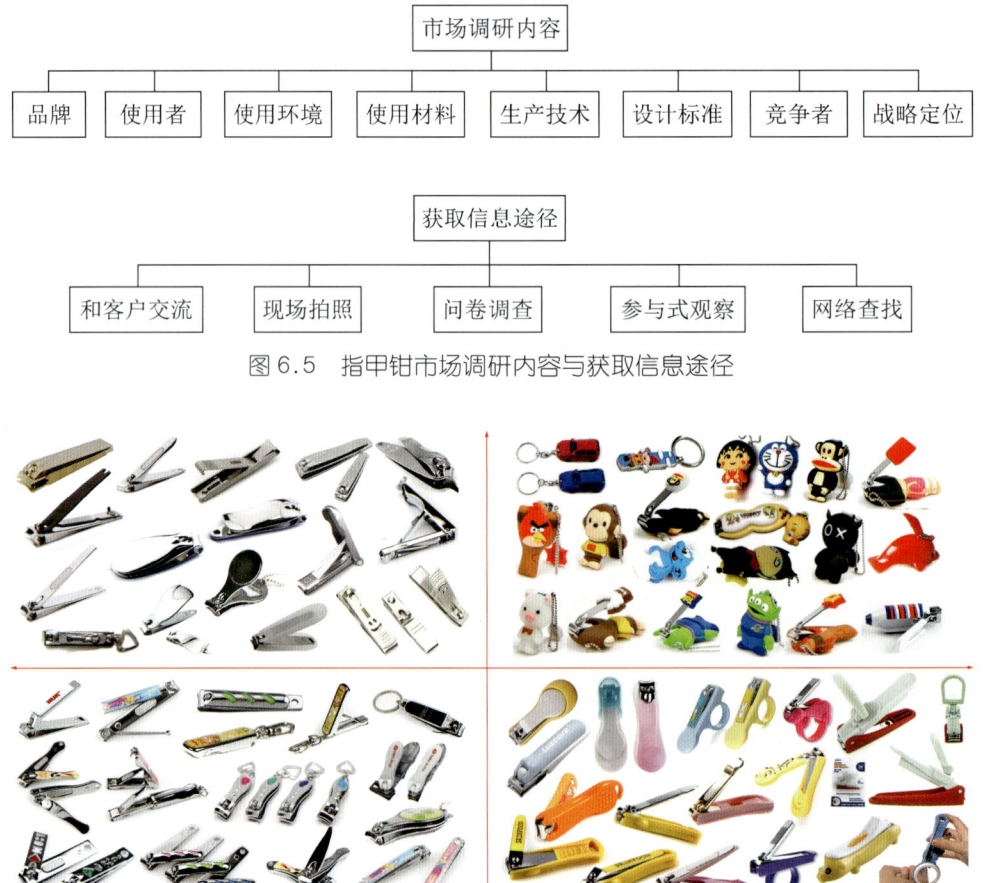

图 6.6　指甲钳外观设计坐标分析图　　李和森　制

第一象限的指甲钳外壳是全包裹型，外观侧重具象、卡通，制作成本较高；第二象限的指甲钳外壳是半包裹型，外观侧重抽象、简洁，制作成本较低；第三象限的指甲钳外壳是部分装饰型，具有一定的趣味性，制作成本较低；第四象限的指甲钳直接在核心部件上做造型，制作成本较高。

6.1.4 指甲钳外观设计草图

在指甲钳外观设计阶段,设计师在进行设计构思时不必考虑过多的现实因素和某种表现技能的限制,可以大胆发挥想象力,放开设计。设计草图的形式可以是具体的,也可以是朦胧的。然后,设计师在众多的设计草图中选择有潜力的方案深入刻画,以便在交流中进行比较、选择和优化(见图 6.7~ 图 6.12)。

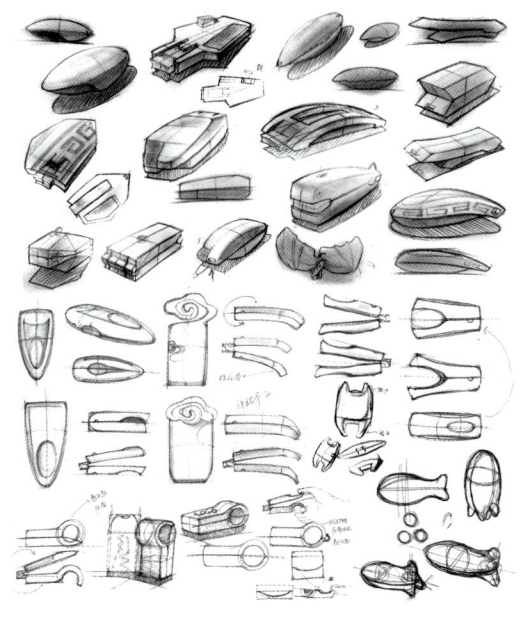

图 6.7　指甲钳外观设计草图方案一
　　　　丁立　舒文昌　设计

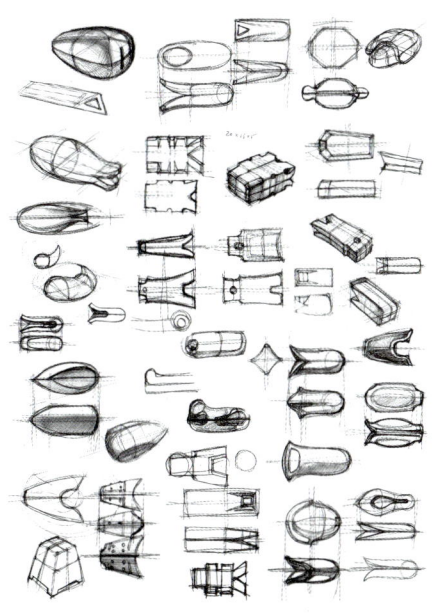

图 6.8　指甲钳外观设计草图方案二
　　　　李和森　设计

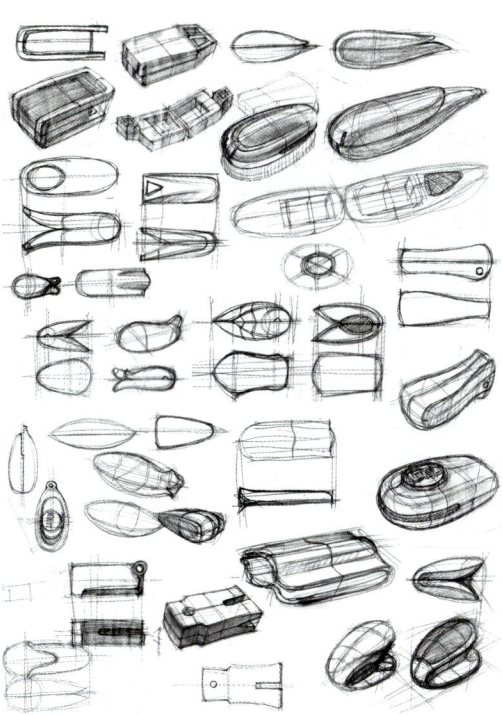

图 6.9　指甲钳外观设计草图方案三
　　　　李和森　设计

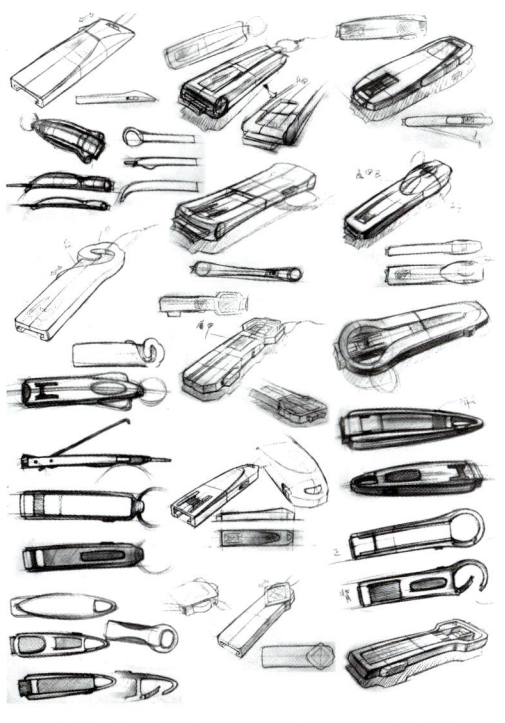

图 6.10　指甲钳外观设计草图方案四
　　　　 丁立　舒文昌　设计

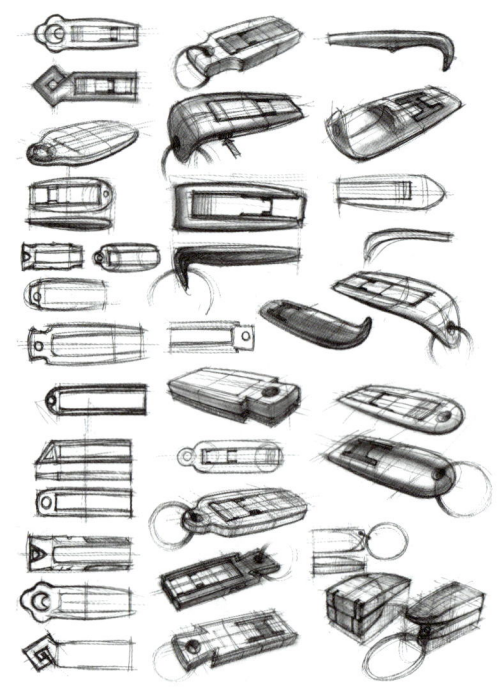
图 6.11　指甲钳外观设计草图方案五
李和森　设计

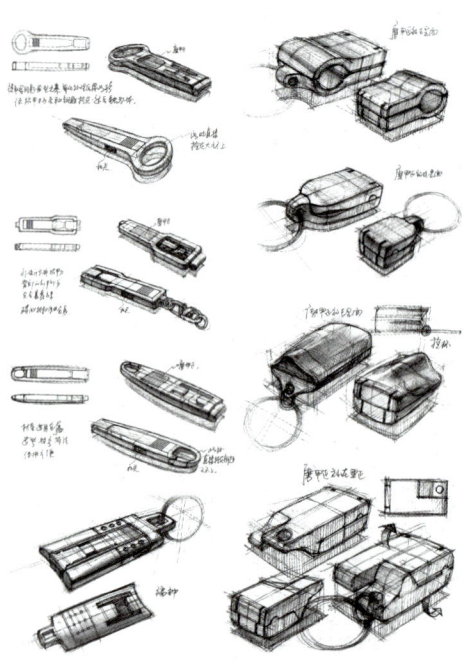
图 6.12　指甲钳外观设计草图方案六
李和森　设计

6.1.5　指甲钳外观设计效果图

根据委托方和设计方达成的共识，制作指甲钳外观设计效果图（见图 6.13）。

图 6.13　指甲钳外观设计效果图　李和森　制

6.2 真人 CS 玩具枪外观设计

6.2.1 真人 CS 玩具枪外观设计要求

通过交流可知，客户对真人 CS 玩具枪外观的设计要求如图 6.14 所示。

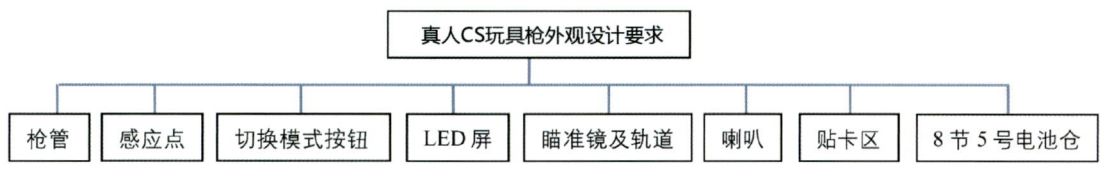

图 6.14 客户对真人 CS 玩具枪外观的设计要求

虽然改良前的枪体造型有些笨重、粗糙，但设计师在亲自使用后发现它非常符合人体工程学（见图 6.15），并基于此归纳真人 CS 玩具枪外观设计的尺寸限定与要求（见图 6.16）。

图 6.15 改良前的枪体造型

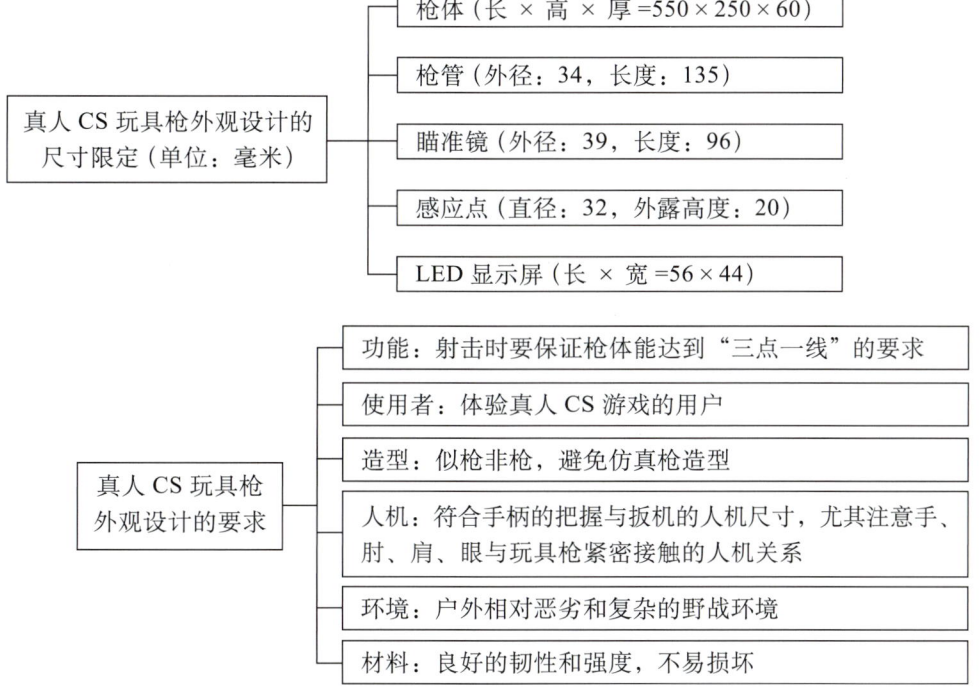

图 6.16 真人 CS 玩具枪外观设计的尺寸限定与要求

6.2.2　真人 CS 玩具枪外观设计计划

这款真人 CS 玩具枪的功能较多，从设计展开到创建数模的工作量会很大，因此设计周期要略长。设计师基于真人 CS 玩具枪外观设计内容和客户对设计时间的要求等多种因素的考虑，制订设计计划如下（见图 6.17）。

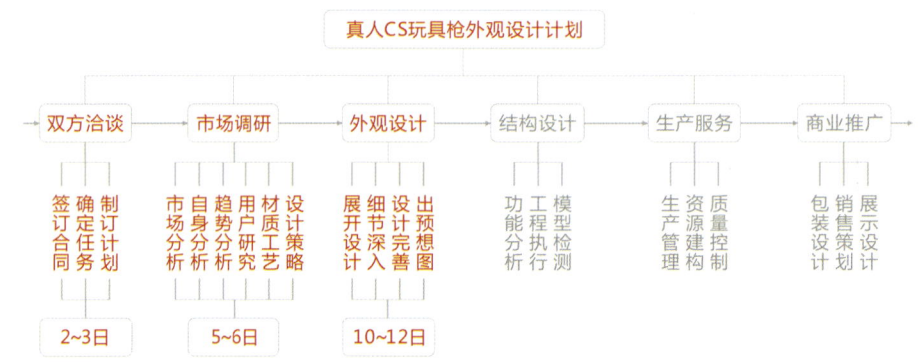

图 6.17　真人 CS 玩具枪外观设计计划　　李和森　制

图内"市场调研、外观设计"是本书重点阐述的阶段，其他阶段本书不作阐述。

6.2.3　真人 CS 玩具枪市场调研

客户对真人 CS 玩具枪外观的设计要求是市场调研的核心内容。但仅凭此内容，设计师还不能对此类玩具枪的功能、使用者、造型、人机、环境、材料等要素形成具体概念，还需要从各式玩具枪中寻找规律，提炼关键词。比如，枪体的"三点一线"，手柄的把握与扳机的人机尺寸，手、肘、肩、眼与玩具枪紧密接触的人机关系与尺寸限定等，这些因素在不同枪型中是不变的。基于此，设计师可以从仿真玩具枪到"似枪非枪"的射击工具等有针对性地进行资料收集，然后分类、归纳和总结，以便展开设计（见图 6.18）。

图 6.18　玩具枪外观设计坐标分析图　　李和森　制

第一象限的玩具枪外观设计简洁，有较强的设计感；第二象限的玩具枪外观侧重具象、卡通；第三象限和第四象限分别是仿真型玩具手枪和玩具机枪，对了解各式枪体基本功能有辅助作用。

6.2.4 真人 CS 玩具枪外观设计草图

不同产品在外观设计阶段使用的设计方法不同。玩具枪的侧面可以反映枪体的功能和造型信息，因此设计师以枪体的正侧面来展开设计是比较理想的方法。

根据设计定位，设计师在进行真人 CS 玩具枪外观设计时，要从整体入手，避免零碎。外观设计手法是多样的，可以是仿生的，也可以是几何构成的等（见图 6.19~图 6.24）。

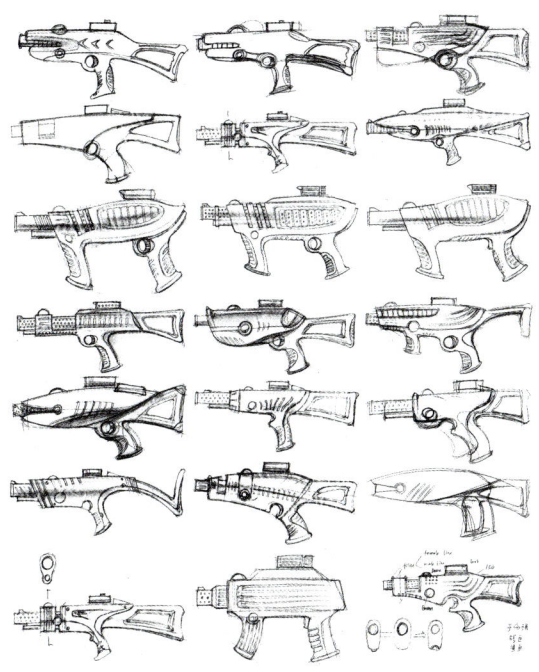

图 6.19　真人 CS 玩具枪外观设计草图方案一
　　　　李和森　设计

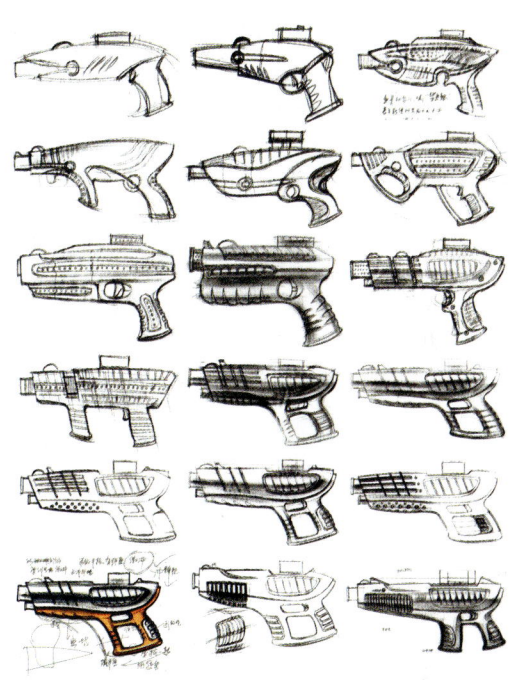

图 6.20　真人 CS 玩具枪外观设计草图方案二
　　　　李和森　设计

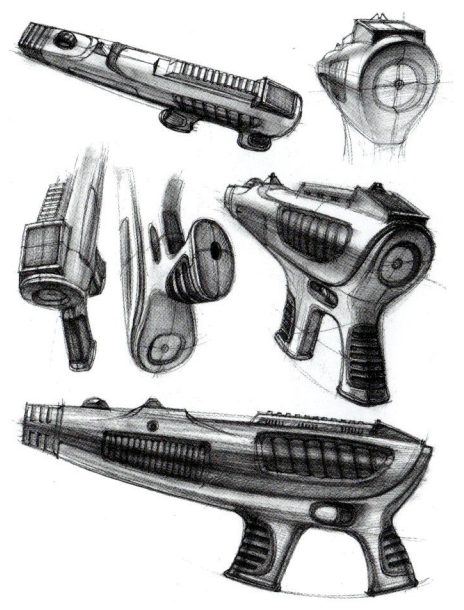

图 6.21　真人 CS 玩具枪外观设计草图方案三
　　　　李和森　设计

图 6.22　真人 CS 玩具枪外观设计草图方案四
　　　　李和森　设计

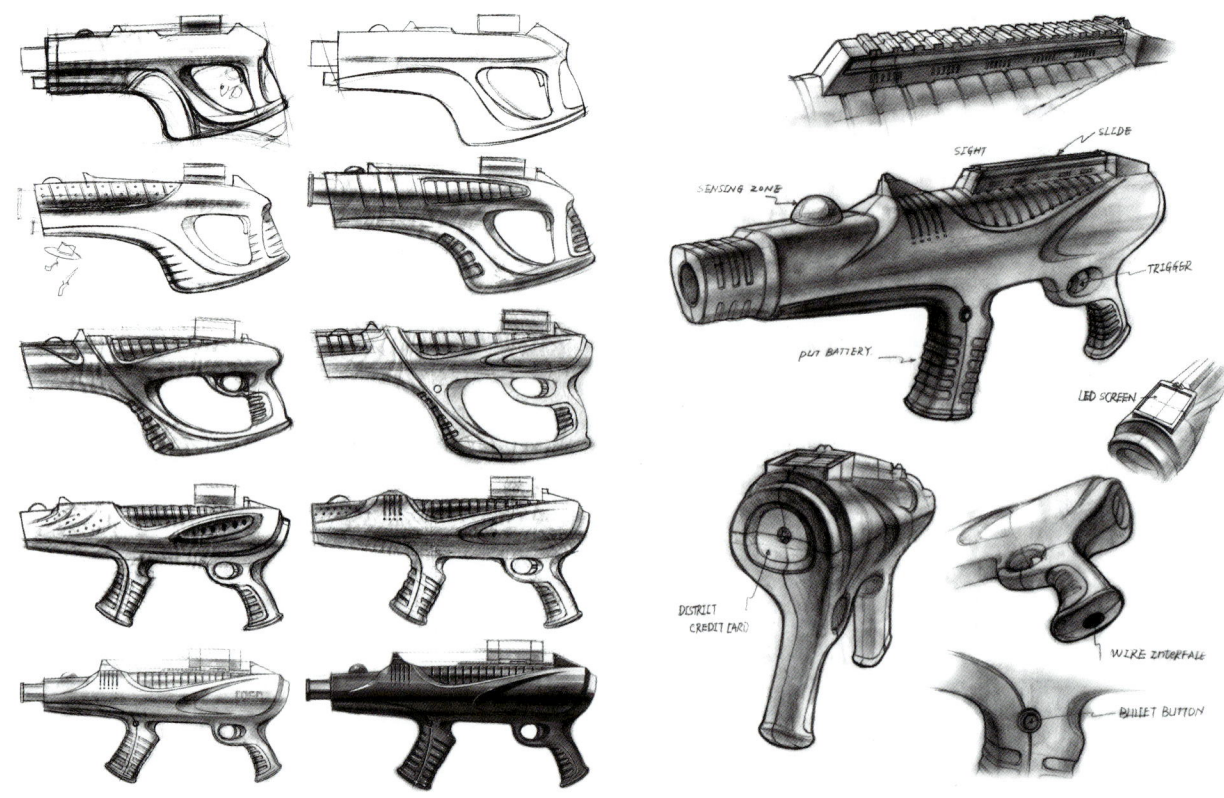

图 6.23　真人 CS 玩具枪外观设计草图方案五　李和森　设计

图 6.24　真人 CS 玩具枪外观设计草图方案六　李和森　设计

6.2.5　真人 CS 玩具枪外观设计效果图

根据委托方选定的方案，制作真人 CS 玩具枪外观设计效果图（见图 6.25）。

图 6.25　真人 CS 玩具枪外观设计效果图　李和森　制

6.3 Tablet PC 及支架外观设计

6.3.1 Tablet PC 及支架外观设计要求

设计委托方是美国某家平板电脑研发公司，设计交流完全通过网络，设计前客户发过一份比较详细的关于 Tablet PC 设计要求的文件（见图 6.26）。

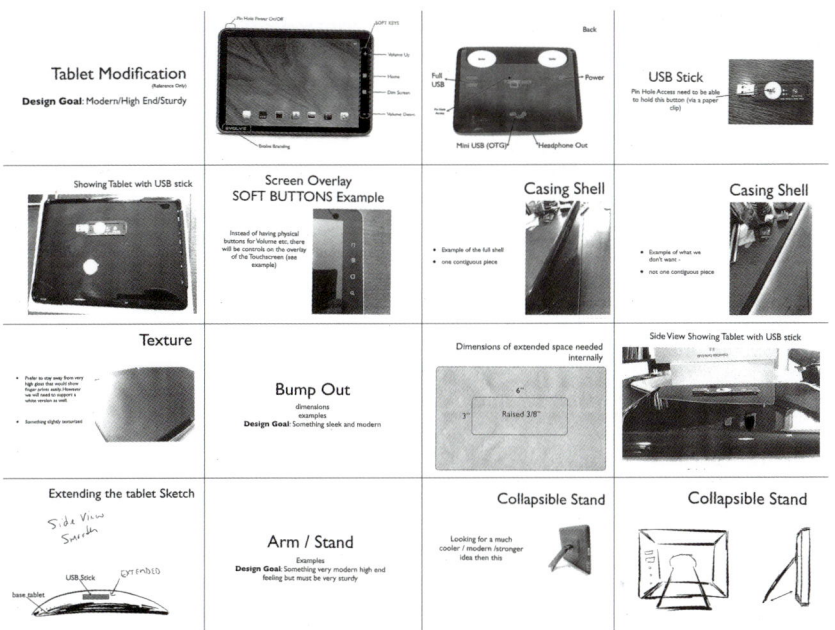

图 6.26 Tablet PC 设计要求

基于以上文件，设计师对 Tablet PC 及支架（见图 6.27）的外观设计要求归纳如下。

1. Tablet PC 屏显示区尺寸：219.96×135.6（单位：毫米）；屏物理尺寸：229.76×149.4×5.3（单位：毫米）；外观设计要具有现代、高端及稳固等特征。

2. Tablet PC 前端包含屏幕、LOGO、声控按键、返回按键、刷屏按键。上端包含 Power 按键；背端包含 USB1/USB2、MINI USB、Line out 和充电端口等。喇叭位于两侧的位置。

3. Tablet PC 侧面转角设计成光顺的曲面转折；背壳材料指定光泽度高的材质，黑色、白色均可。

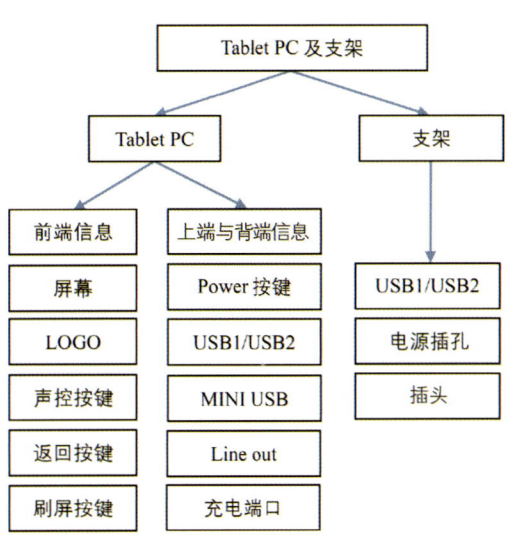

图 6.27 Tablet PC 及支架构成

4. Tablet PC 的支架要具备充电功能，包含 USB1/USB2、电源插孔和与 Tablet PC 背端充电端口对接的插头，支架尺寸根据 Tablet PC 的尺寸自拟。

5. 如有未尽事宜在设计过程中再进行协商。

6.3.2　Tablet PC 及支架外观设计计划

由于文化背景的差异，设计交流需要一定的磨合期，另外 Tablet PC 属于高端信息产品，尺寸设计精确度要求很高且尺寸敲定可能会有反复，因此设计周期要长一些（见图 6.28）。

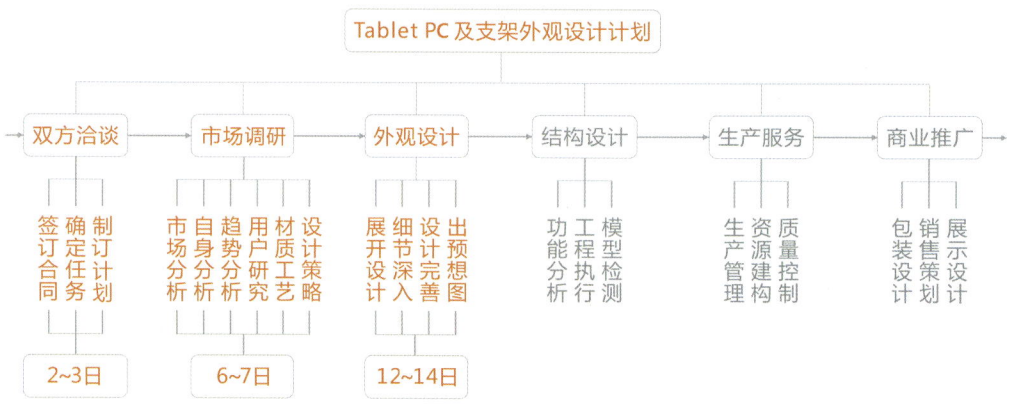

图 6.28　Tablet PC 及支架外观设计计划　　李和森　制

图内"市场调研、外观设计"是本书重点阐述的阶段，其他阶段本书不作阐述。

6.3.3　Tablet PC 及支架市场调研

Tablet PC 及支架在市面上既有一体化设计，也有分开来设计的。虽然苹果、三星等的 Tablet PC 比较知名，但是因支架设计形成品牌的企业较少。根据设计定位，设计师需要对 Tablet PC 的品牌、使用者、使用环境、使用材料、研发技术、成本价格等展开调研，对产品的前端、上端与背端、侧面以及支架等进行充分了解，形成完整认知（见图 6.29 和图 6.30）。

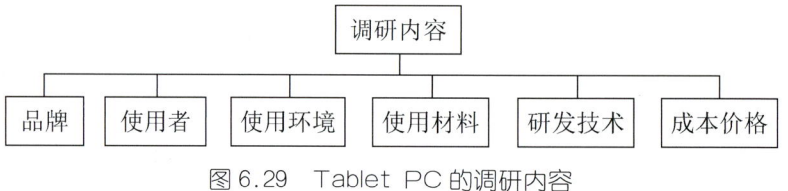

图 6.29　Tablet PC 的调研内容

图 6.30　Tablet PC 及支架外观设计坐标分析图　　李和森　制

第一象限展示了不同品牌的 Tablet PC 屏幕面；第二象限展示了不同品牌的 Tablet PC 的背端造型；第三象限展示了 Tablet PC 与支架结合使用的情况；第四象限展示了不同品牌的 Tablet PC 的支架。

6.3.4　Tablet PC 及支架外观设计草图

在展开设计时，设计师应尽量将创意表现完整，避免孤立地表现 Tablet PC 或支架的造型，要将两者组合设计，充分考虑支架的稳定性、Tablet PC 与支架的方便对接等。在设计完善过程中，设计师应尽量将设计草图画得详细些，即使是很小的细节也要表现清楚，以便与客户有效沟通（见图 6.31~图 6.35）。

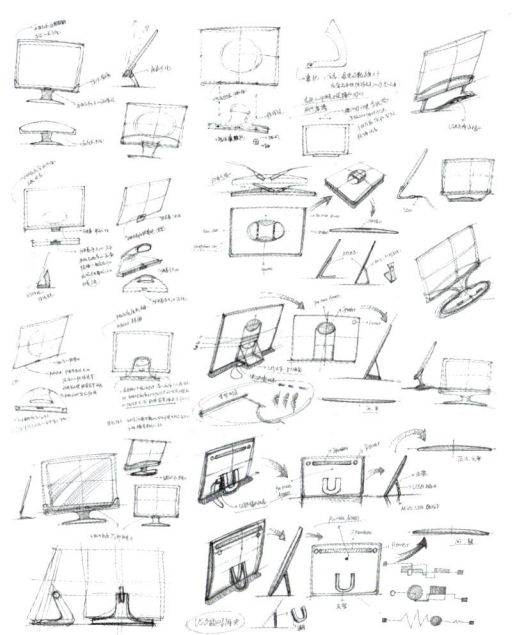

图 6.31　Tablet PC 及支架外观设计草图方案一
　　　　　舒文昌　设计

图 6.32　Tablet PC 及支架外观设计草图方案二
　　　　　丁立　设计

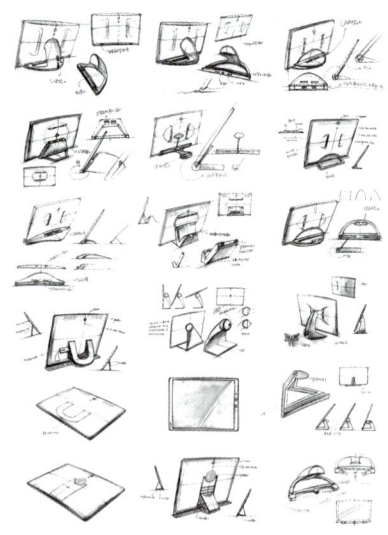

图 6.33　Tablet PC 及支架外观设计草图方案三
　　　　舒文昌　设计

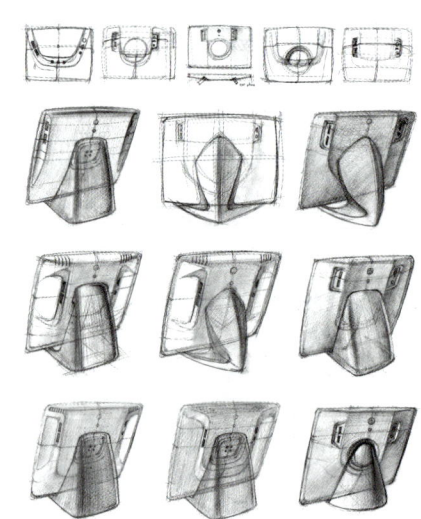

图 6.34　Tablet PC 及支架外观设计草图方案四
　　　　李和森　设计

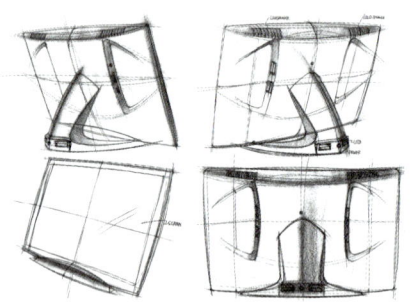
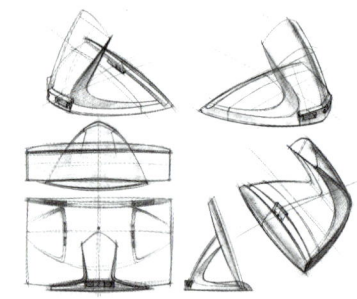

图 6.35　Tablet PC 及支架外观设计草图方案五
　　　　李和森　设计

6.3.5　Tablet PC 及支架外观设计效果图

根据委托方选定的方案，制作 Tablet PC 及支架外观设计效果图（见图 6.36）。

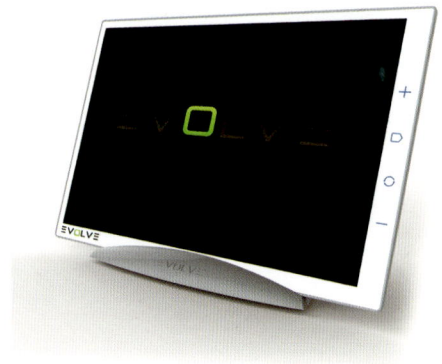

图 6.36　Tablet PC 及支架外观设计效果图　　李和森　制

6.4 网络机顶盒遥控器外观设计

6.4.1 网络机顶盒遥控器外观设计要求

这款网络机顶盒遥控器除了可以近距离遥控机顶盒,还可以充当游戏手柄。它既可以竖着用,也可以横着用。客户对网络机顶盒遥控器外观的设计要求如图 6.37 所示。现有网络机顶盒遥控器的按键布局和内部电路板如图 6.38 所示。

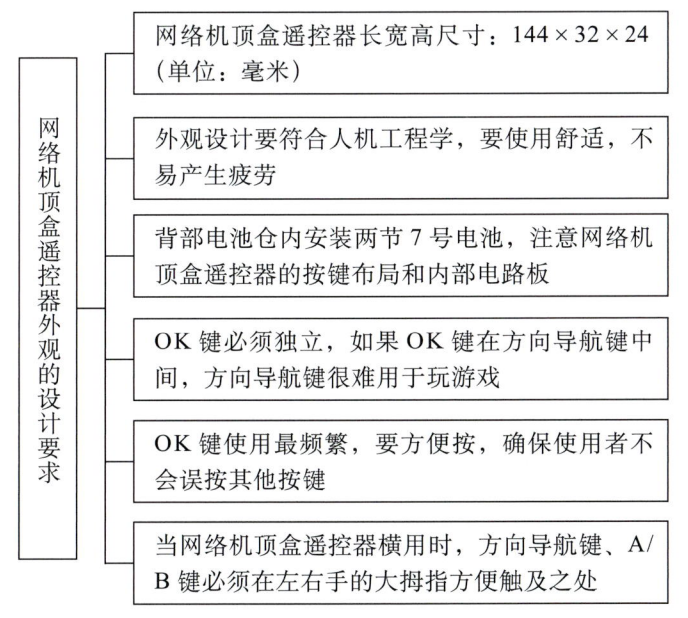

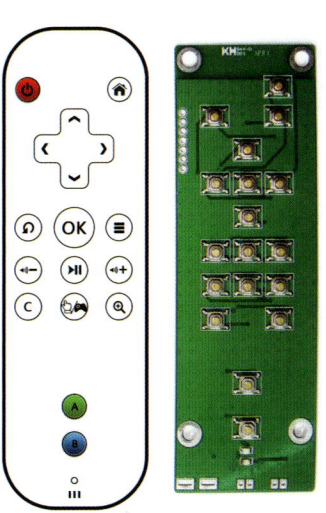

图 6.38 网络机顶盒遥控器的按键布局和内部电路板

图 6.37 网络机顶盒遥控器外观的设计要求

6.4.2 网络机顶盒遥控器外观设计计划

由于客户给定的信息比较详细,设计工作开展得相对容易,设计周期比较短(见图 6.39)。

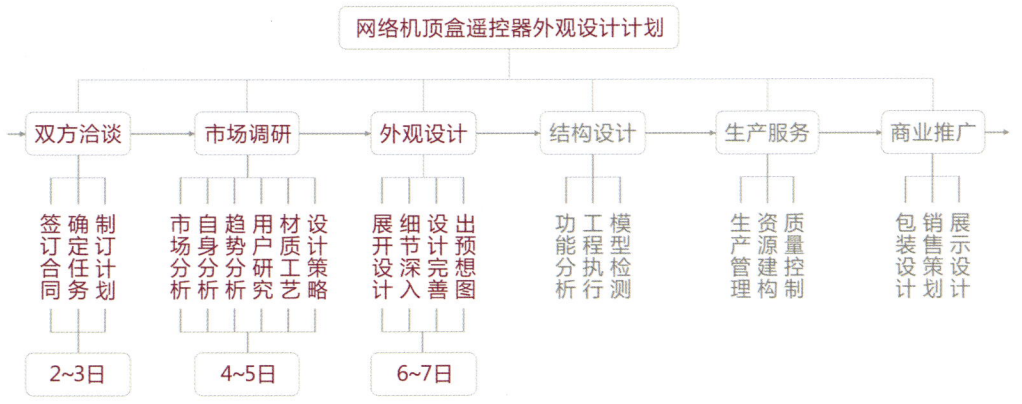

图 6.39 网络机顶盒遥控器外观设计计划

图内"市场调研、外观设计"是本书重点阐述的阶段,其他阶段本书不作阐述。

6.4.3 网络机顶盒遥控器市场调研

网络机顶盒遥控器市场调研内容包括现有产品品牌、使用者、材料、研发技术及成本等，获取这些信息的途径主要是网络。经过对相关产品进行归纳和总结得出，目前网络机顶盒遥控器外观设计大致分为两个方向：以功能为主的造型设计和功能及造型"兼容"的设计，它们共同的特点是按键有分区、按键间距尺寸合理且触碰准确、把握手感舒适等（见图6.40）。

图 6.40　网络机顶盒遥控器外观设计坐标分析图
图内左边网络机顶盒遥控器外观设计偏传统，右边网络机顶盒遥控器外观有较强的设计感。

6.4.4 网络机顶盒遥控器外观设计草图

对于这款网络机顶盒遥控器，使用者单手竖着使用可以遥控电视和网络，双手横着使用可以打网络游戏。两种使用方式的人机要求对外观设计造成一定的难度，设计师在设计时对这一点应着重考虑。网络机顶盒遥控器的设计任务主要集中在对背面和侧面的外观设计上。在设计展开阶段，网络机顶盒遥控器背面和侧面的设计构思应尽量完整，以便设计师设计交流，避免识图困难（见图6.41）。

第6章 产品概念设计草图与产品设计项目

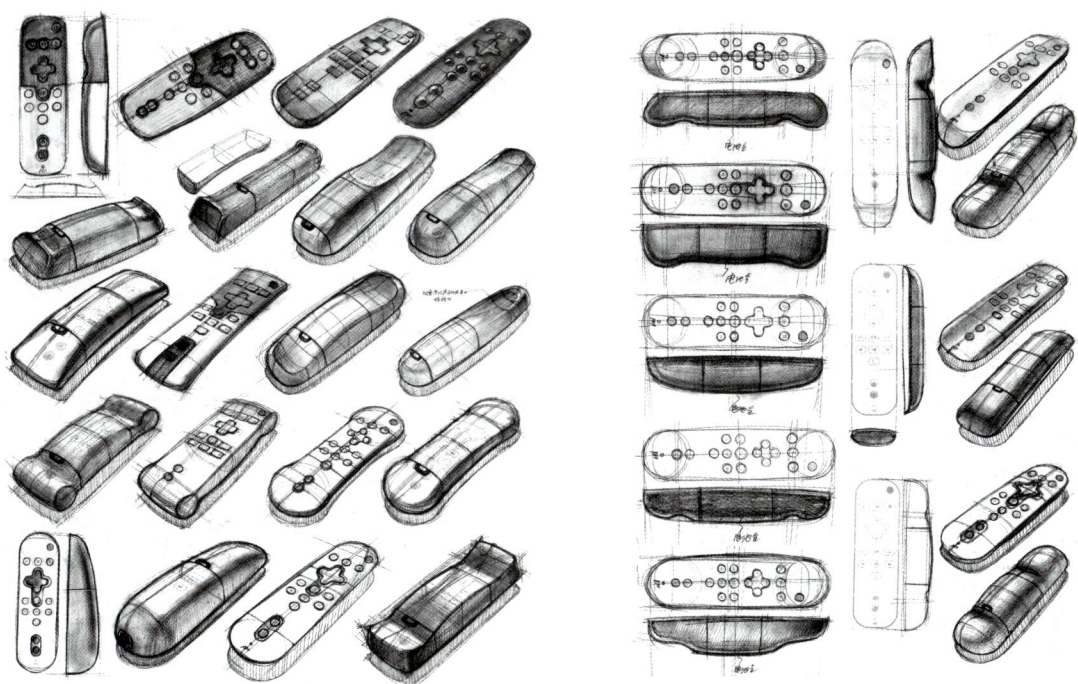

图6.41 网络机顶盒遥控器外观设计草图方案
李和森 设计

6.4.5 网络机顶盒遥控器外观设计效果图

根据委托方选定的方案，制作网络机顶盒遥控器外观设计效果图（见图 6.42）。

图6.42 网络机顶盒遥控器外观设计效果图
李和森 制

单元训练和作业

课题内容

设计一款主题由教师拟定的产品,并以产品快题设计的方式完成。

课题时间

理论讲解/4课时;绘制一幅A2尺寸的手绘作品/16课时。

教学方式

教师结合电子教案全面讲解产品概念设计草图与产品设计实践的关系,通过展示真实的产品设计案例,讲述设计草图在产品设计程序中的作用和意义。通过本章学习,学生可以了解产品概念设计草图在产品设计各个阶段中的辅助作用。根据教师的理论讲解和项目展示,学生自行设计一款产品,主题可以由教师拟定,学生按照产品设计程序,有计划地完成该项作业,教师统一指导。

要点提示

手绘是产品设计项目实践中必不可少的环节,熟练的手绘技能可为产品设计构思服务。

教学要求

(1) 学生课前准备教材内规定的手绘工具,以及两本或两本以上关于工业产品设计的图书。

(2) 教师准备可播放电子文档的多媒体教学设备。

(3) 学生用16课时完成命题作业,以A2幅面完成产品快题设计手绘作品。

训练目的

学习如何将产品概念设计草图绘制技能运用于产品设计实践,为设计服务。

附录：AI 伴学内容及提示词

序号	AI 伴学内容	AI 提示词
1	AI 伴学工具	DeepSeek、通义千问、文心一言、豆包、Kimi、讯飞星火、智谱清言
2	第 1 章 产品设计手绘表现技法概述	简述产品设计手绘工具的演变情况
3		产品设计手绘用于解决什么问题
4		一幅达标的产品设计手绘图的评价指标包括哪些
5		如何提高产品设计手绘的画图速度
6		通过 AI 工具能快速生成设计图，那么学习手绘图还有价值吗
7		从工具演变角度看，手绘工具是手绘图视觉效果与设计沟通效率的影响因素，AI 生成图效果具有完整真实的优势，那么 AI 工具能否取代传统的手绘工具
8		请用 AI 工具为图 1.15 提供至少 10 种不同的配色方案
9		1.4 节列述的 8 种产品设计手绘图的要素中，哪一种要素最重要
10	第 2 章 电子及信息产品设计手绘表现技法范例解析	请生成 3 组不同造型款式的游戏手柄，作为练习手绘的临摹素材
11		请生成 3 组不同造型款式的鼠标，作为练习手绘的临摹素材
12		请生成 3 组不同造型款式的播放器界面，作为练习手绘的临摹素材
13		请生成 3 组不同造型款式的打印机，作为练习手绘的临摹素材
14		请生成 3 组不同造型款式的 U 盘，作为练习手绘的临摹素材
15		请生成 3 组不同造型款式的收音机，作为练习手绘的临摹素材
16		请生成 3 组不同造型款式的摄像机，作为练习手绘的临摹素材
17		请生成 3 组不同造型款式的手机，作为练习手绘的临摹素材
18		请生成 3 组不同造型款式的数码相机，作为练习手绘的临摹素材
19		请生成 3 组不同造型款式的无线路由器，作为练习手绘的临摹素材
20	第 3 章 小型家用产品设计手绘表现技法范例解析	请生成 3 组不同造型款式的便携空气净化器，作为练习手绘的临摹素材
21		请生成 3 组不同造型款式的静音加湿器，作为练习手绘的临摹素材
22		请生成 3 组不同造型款式的热水壶，作为练习手绘的临摹素材
23		请生成 3 组不同造型款式的折叠护眼台灯，作为练习手绘的临摹素材
24		请生成 3 组不同造型款式的智能体重秤，作为练习手绘的临摹素材
25		请生成 3 组不同造型款式的扫地机器人，作为练习手绘的临摹素材
26		请生成 3 组不同造型款式的智能香薰机，作为练习手绘的临摹素材
27		请生成 3 组不同造型款式的摄像头，作为练习手绘的临摹素材
28		请生成 3 组不同造型款式的无叶风扇，作为练习手绘的临摹素材
29		请生成 3 组不同造型款式的便携榨汁机，作为练习手绘的临摹素材

续表

序号	AI 伴学内容	AI 提示词
30	第4章 中型家用产品设计手绘表现技法范例解析	请生成3组不同造型款式的大容量破壁料理机，作为练习手绘的临摹素材
31		请生成3组不同造型款式的立式新风净化一体机，作为练习手绘的临摹素材
32		请生成3组不同造型款式的空调柜机，作为练习手绘的临摹素材
33		请生成3组不同造型款式的智能按摩椅，作为练习手绘的临摹素材
34		请生成3组不同造型款式的智能马桶，作为练习手绘的临摹素材
35		请生成3组不同造型款式的壁挂式电暖器，作为练习手绘的临摹素材
36		请生成3组不同造型款式的智能冰箱，作为练习手绘的临摹素材
37	第5章 产品设计手绘表现技法与产品快题设计	产品快题设计的价值和意义是什么
38		如果以手绘方式完成一幅A3尺寸的产品快题设计作品，需要完成哪些内容
39		手绘一幅A3尺寸的产品快题设计作品，版式有几种
40		如何增强产品快题设计版式的秩序性
41		产品尺寸图规范是什么
42		如何提升产品设计手绘图的视觉效果
43		产品设计说明主要包括哪些方面？如何增强表述的条理性
44		在产品快题设计中，大标题画法的评价指标包括哪些
45		在产品快题设计中，哪个环节的表现内容最重要
46		在产品快题设计中，效果图绘制要注意哪些问题
47		包含题目、草图方案、效果图、设计分析和尺寸图等的产品快题设计作品的评价指标
48		如何判断产品快题设计作品是否达标
49	第6章 产品概念设计草图与产品设计项目	产品设计项目包括哪些阶段
50		产品概念设计草图在产品设计项目各阶段的作用
51		产品概念设计草图到什么程度才能服务于产品设计项目
52		产品设计调研为什么强调用户研究
53		为什么是用户研究，而不是客户研究
54		哪些方法可以提高产品设计构思的效率
55		进行产品设计构思前，需要做哪些准备工作
56		如何判断产品设计构思是否达到用户要求
57		从产品设计构思图到成熟设计效果图需要经历哪些关键环节的论证
58		根据指甲钳外观设计的基本要求，使用AI工具生成至少10款设计草图和3款渲染效果图
59		根据真人CS玩具枪外观设计的尺寸限定与要求，使用AI工具生成至少10款设计草图和3款渲染效果图
60		根据关于"Tablet PC及支架外观设计要求"的描述，使用AI工具生成至少10款设计草图和3款渲染效果图
61		根据关于网络机顶盒遥控器的按键布局和内部电路板的限定性描述，使用AI工具生成至少10款设计草图和3款渲染效果图

后记

经过多年的准备和编写,这本书终于完成了。

本书内容的操作性很强,如果只是单纯地介绍产品设计手绘表现技法的规则,以及透视原理的话,即使思路和图解再清晰,学生学习产品设计手绘的兴趣也可能很快消失。为避免枯燥的长篇理论,编者在编写本书过程中尽可能使用更多的图例讲述理论。书中安排的图例绝大部分是编者在课堂里现场演示完成的作品。有的章节选放的图例是湖北美术学院工业设计专业部分学生的作品。还有的图例是编者在课余时间的手绘作品和产品设计实践项目。这些内容对工业设计专业对手绘感兴趣的学生有一定的参考价值。

本书在介绍产品设计手绘表现技法时,遵循手绘为设计服务的宗旨,将起稿到完成稿的整个过程按步骤地讲解出来,这样有助于学生学习和掌握手绘技法。相信学生在规范和系统方法的引导下,经过持久的手绘练习,水平会有所提高。

在此,特别感谢清华大学首批文科资深教授柳冠中老师提供的编写指导;感谢北京大学出版社孙明编辑为本书的编辑和出版付出的劳动;感谢湖北省普通高等学校人文社会科学重点研究基地——湖北美术学院现代公共视觉艺术设计研究中心提供的支持;感谢湖北美术学院科研启动经费项目(KYQDJ-2025-016)的支持。正是有了这些帮助,本书才得以顺利再版。

由于时间、篇幅、能力的局限,书中疏漏之处在所难免,敬请指正。

李和森

2025 年 3 月于湖北美术学院